カラー図解でわかる力学「超」入門

力と運動、仕事とエネルギーの関係が基礎から図解でスッキリわかる!

彩色图解 力学入门

(日)小峰龙男(小峯龍男) 著

王明贤 李连进 译

化学工业出版社

·北京·

看不见的力是怎样存在于我们的生活当中的？怎么才能感受到它？它有什么作用？它对我们的生活有什么影响？本书来给你答案。本书共分为5章，讲述内容包括力学的基础知识、物体的运动、力与运动、功与能量、动量与冲量。

本书适合对力学知识有兴趣的读者阅读，可作为力学入门课本。

北京市版权局著作权合同登记号：01-2018-5803

图书在版编目（CIP）数据

彩色图解力学入门/（日）小峰龙男著；王明贤，李连进译.—北京：化学工业出版社，2018.9（2025.5重印）
ISBN 978-7-122-32670-6

Ⅰ.①彩… Ⅱ.①小… ②王… ③李… Ⅲ.①力学-图解 Ⅳ.①O3-64

中国版本图书馆CIP数据核字（2018）第158833号

责任编辑：项　潋　王　烨　　文字编辑：陈　喆
责任校对：边　涛　　装帧设计：刘丽华

出版发行：化学工业出版社（北京市东城区青年湖南街13号　邮政编码100011）
印　　装：北京缤索印刷有限公司
710mm×1000mm　1/16　印张11¾　字数167千字　2025年5月北京第1版第10次印刷

购书咨询：010-64518888　　售后服务：010-64518899
网　　址：http://www.cip.com.cn
凡购买本书，如有缺损质量问题，本社销售中心负责调换。

定　　价：59.80元　

前　言

本书作为力学的入门级读物，特别注重让读者能够读懂和领会全篇内容，同时采用了通俗易懂的插图，也便于读者理解。

力学涉及各种领域。本书主要阐述了从小学到高中的教科书中所涉及的力、能量以及运动等方面的基础知识，当然也都将在牛顿力学或经典力学的范围内进行讨论。

力学与我们的生活有着紧密的联系。但是实际上，在学校的课程中，学习力学的时间是有限的，我想应该会有一些人因力学难以理解，而只留下力学很难学习的印象。我之所以采用现在这样的结构和内容，是因为正好遇到了一位小学四年级的小女孩。

她说："因为假期的研究课题是浮力，我正在进行这方面的调查，希望能得到您的帮助。"于是我们在约定的图书馆探讨了一个小时左右。

这位小女孩的调查非常详细，也向我提出了几个问题，我尽可能用通俗简单的语言回答了她的问题。

若是给高中生讲解的话，通常是给出公式，然后得出上浮或者下沉的结论，就解答清楚了。但现在对象是小学生，我必须用小学生可以理解的语言进行说明，让我非常高兴的是，这位小女孩理解了我对这些问题的解答。

这件事情过去不久，我就接到了本书的编写邀约。

因此，我尽量避开严谨的定义阐述和较长的计算公式，采用即使是不擅长力学的人也能理解的讲述方法，撰写了第 1 章。我想在粗略地读了第 1 章之后，您就会对本书所涉及的内容有个大致的了解。

在第 2 章之后，依据内容的需要，还是会出现一些计算公式，这是为了清楚描述力学规律，而无法避免会用到的最基础的公式和计算例题。尽管，对我来说，用“进行微分”“积分后”“进行求导”等专业术语进行讲解更为方便，但针对这一部分公式，我也会尽量不从数学角度去解说、推导，而是用算术的方法去解决所遇到的问题。

但是书中还是直接使用了三角函数公式，因为无论如何都没有办法用其他说明替代。因此，我认为三角函数就是让大多数人感到力学很难学的“第一个挫败点”。为此，我在书中只选择了能够运用少量三角函数知识就能解决的力学问题进行讲解。

即使是力学中最重要的矢量，书中也没有使用$\vec{F}$这样的符号来表示，而是在不需要严谨划线描绘的地方，在没有大矛盾的前提下，以图解的方法表示出来。

对于力学相关的术语，也都优先考虑用通俗易懂的语言去表述。

还有像身边的各种物理现象，如自行车或货物的搬运等，都将其简化为力学模型进行讲解，所有这些努力都是为了让读者能够更容易地读懂本书。

如果读了本书之后，您能有“原来力学并不是那么难”的感受，这就是我最大的幸福。

最后，诚挚地感谢给了我编写本书机会并给予许多建议和鼓励的科学书籍编辑部的中右文德先生，也衷心地感谢为便于读者理解而创作有趣插图和认真进行电子排版的出版社的全体制作人员！

小峰龙男

2014 年 8 月

目 录

No

Data

第 1 章

力学的基础知识

力学因为抽象的数学计算式和难以理解的专业术语，使大多数人对其敬而远之。因此，我不从具体的计算和严谨的定义开始，而从我们生活中的事例入手，介绍本书所涉及的力学的概略。

1-1 力学表明力与运动的关系

本书将解说“物理学”的基本理论，即牛顿力学的基础。艾萨克 · 牛顿与苹果的故事非常有名。牛顿力学也称为经典力学。

第 1 章中，我们在日常容易理解的范围内来介绍力学中最重要的运动和力的关系。另外，也会涉及一些有一定难度的力学术语。这一章中，读者若是能够理解力学是研究物体或机械的运动与作用于其上的力的关系的，那么力学也就会变得有趣起来。

例如，天气晴朗的时候，在公园的椅子上坐个几分钟，观察在公园里愉快玩耍的儿童的动作，你就能发现很多我们之后要说明的事情，如滑梯、秋千、弹簧摇椅、云梯、沙场、高低单杠、投球、足球、捉迷藏等，不胜枚举。不过有些遗憾的是，最近为了防止儿童事故的发生，有些运动游乐设施被拆除。

还有，骑自行车在弯道转弯时，骑车人的身体会自然地向内侧倾倒。在少年时期战战兢兢地开始练习自行车时，这个动作是一种复杂的运动，但突然某一天以某种契机领会了这一诀窍之后，随着越来越熟练，这个动作就可以下意识地自然做出来。

在公园游玩的儿童的动作和骑自行车转弯的例子是日常生活中力学的代表性事例，充分体现了本书的主题——在日常生活中感受力学。

公园里的游玩

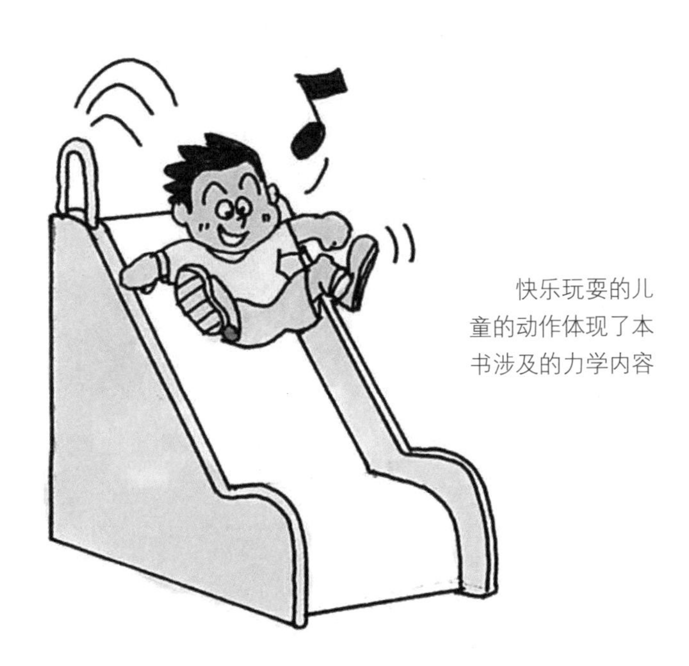

快乐玩耍的儿童的动作体现了本书涉及的力学内容

自行车在弯道转弯

自行车在弯道转弯时，车体和骑车人的身体自然地向内侧倾倒，这一动作证明了力学的法则

1-2 力改变物体的形状和运动状态

在笔者的家里，丢弃 2L 饮用水的塑料容器时，要将空的容器压扁后再折弯，以尽可能使其体积减小。这一过程需要一定程度的力量和技巧，因此这已成为我的专属家务。虽然这是日常的小事，但从中也可以知道力有改变物体形状的作用。

力在我们日常生活中的很多场合都会遇到。在贴近生活的事例中，提升或搬运重物时，我们可以体会到因物体重量的不同我们所付出的力也会不同。再者，骑自行车时，因道路的倾斜度、速度及携带行李的重量等不同，我们蹬踏脚踏板的力也在变化。从这些事例中，我们可以知道力有改变物体位置和运动状态的作用。

另外，日常中，还有“精力”“毅力”“学习能力”“经济能力”等词中也有“力”字，但是在这些词汇中所使用的“力”，在能够直接改变物体状态这一点上与力学上所说的“力”完全不同。

虽然物体的状态有各种各样的性质与特性，但在本书的主题——牛顿力学中，涉及的重点主要还是物体的形状和运动状态，因此，力的定义是：

力是使物体形状和运动状态发生改变的动力源。

力改变物体的形状

力改变物体的运动状态

1-3 惯性和质量是表示物体运动状态的性质

大家认为力学很难的原因之一是相关术语的定义。大多数人首先感到困惑的术语大概就是质量吧。

力学术语中的质量是惯性质量（质量是量度物体惯性大小的物理量）的简称。惯性是指物体维持现有运动状态的性质，也就是说静止的物体持续静止，运动的物体持续运动。因此，所有的物体都具有惯性。

在 1-2 节中，我们说“力是使物体形状和运动状态发生改变的动力源”。例如，用在水平地面上可以顺利滑动的小拖车，分别搬运同样大小的空箱子和塞满书籍的箱子时，推动承载塞满书籍的箱子的小拖车比承载空箱子的小拖车所需要的力要大，让小拖车停下来也有相同的感觉。

像这样，当力作用于物体时，相对于人施加的作用力，由于物体的惯性会产生保持现有运动状态的阻力。表示这一抵抗运动程度的量就是质量，也就是说塞满书籍的箱子比空箱子的质量大。

这时，很多人都会认为“这是因为它很重吧”。在这里，我们先不考虑重量，只从力作用在物体上时，物体是否容易移动这一点来看。因此，质量的定义为：

质量是表示力作用于物体时，物体的惯性所产生的阻碍程度的量。

所有的物质都有惯性

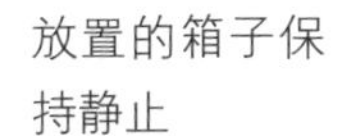

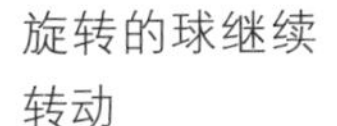

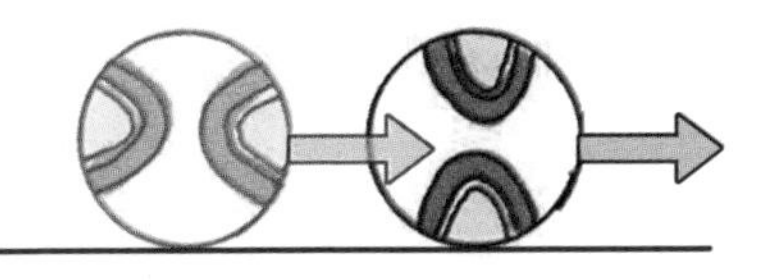

静止的物体持续静止，运动的物体持续运动。惯性就是指这一性质

质量是表示相对于力的阻碍运动程度的量

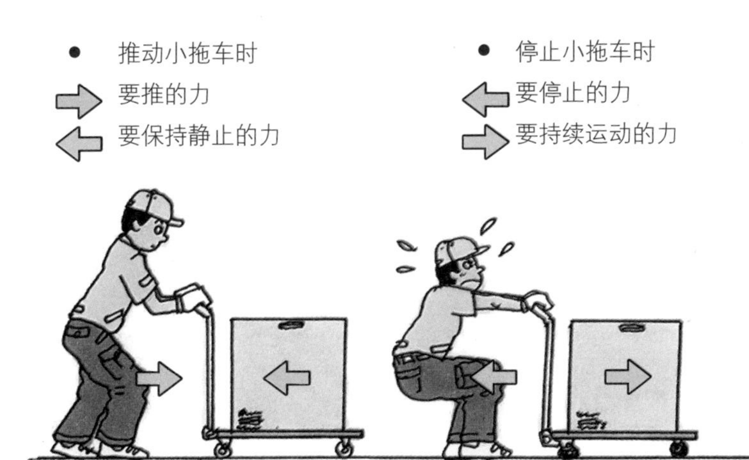

- 要推动静止的物体时，物体会产生要继续保持静止的阻力。要使运动的物体停止时，物体会产生要保持持续运动的阻力。质量是表示物体惯性大小的物理量

1-4 决定物体重量的因素——重量与重力

在 1-3 节中的“不考虑重量”这一非常方便的条件也许就是使力学令人难以理解的原因之一。力学中常常在没有任何说明的情况下，表现出“忽略重量”。若不解决“为什么要忽略物体重量”这一问题，好像就无法进一步学习力学。

重量是指地球将物体朝向地球中心（向下）吸引的力的大小，重点是它并不是物体本身所具有的量。这种朝向地球中心（向下）的拉力称为重力。

我们在乘坐电梯时有过这样的经验，在电梯上升的瞬间感觉到身体沉重，在电梯下降的瞬间感觉到身体变轻。虽然我们自身固有的质量不会改变，但电梯作上升或下降运动时，因为惯性的阻碍作用，作用在我们身上的重力发生了变化，所以我们会感觉到体重发生了变化。

在 1-3 节中，因为是研究对“在水平的地面上可以顺利滑动的小拖车”施加水平方向的力时小拖车的运动，此时，物体的运动与重力无关，所以可以“忽略重量”。这样的忽略，就可以将现象单纯地简化为作用于物体的力和质量的关系。然而，实际上重力不可能完全与运动无关。

重量和重力的关系可以总结如下：

重量表示了地球上物体所受的重力的大小，它不是固定的量。

重量表示重力的大小

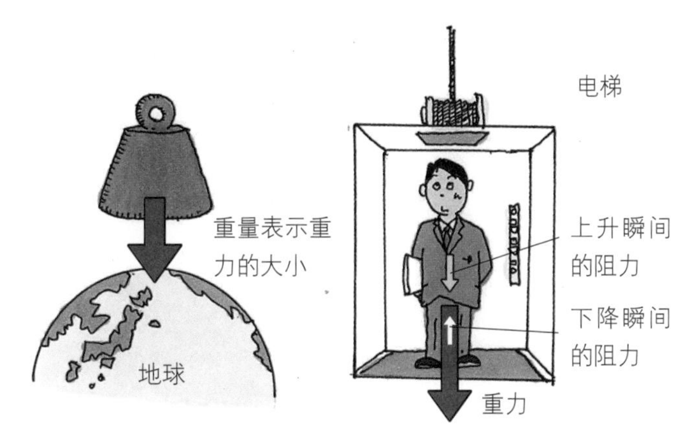

地球将物体拉向地球中心的拉力就是重力

在惯性的阻力作用下，我们感到体重的变化

能否忽略重量

小拖车沿着地板水平运动

- 小拖车进行水平方向的运动
- 虽然重力向下拉小拖车，但小拖车顺利滑动，也就是说重力与物体水平方向的运动无关
- 这种时候，“忽略重量”可以简化模型

1-5 我们生活在重力场和惯性系中——重力场与惯性系

在 1-4 节中，我们说明了“物体的重量表示重力的大小”。那么，重力到底是什么呢？重力定义为万有引力和离心力的合力。万有引力是任何两个物体之间相互吸引的力，两个物体的质量的乘积越大，或者两个物体的距离越近，万有引力就越大。如同自行车在弯道转弯时感到的，离心力是使作旋转运动的物体远离其旋转中心方向的作用力。

从地球与离开树枝的苹果的运动来看，在万有引力的作用下地球与苹果之间相互吸引。苹果的质量与地球的质量相比非常小，因惯性产生的阻碍运动的阻力也是苹果方面远远小于地球方面。因此，即使苹果吸引着地球，最终也是苹果掉落在地球上。

还有，因为空中的苹果在万有引力的作用下跟随地球自转一起旋转着，所以认为离心力也作用在苹果上。但是，苹果的离心力与万有引力相比，小到完全可以忽略的程度，因此，可以认为苹果和地球的重力大体上与万有引力相同。因为我们是在地面上观察这一运动过程的，所以会目击到脱离枝头的空中苹果在重力作用下向地面掉落。

如同苹果与地球的例子，在两个物体之间相互作用的力称为相互作用力。地球的重力作用的空间称为地球的重力场，具有规则相互作用的物体集合称为惯性系。我们就是生活在地球重力场的惯性系中的。

万有引力和离心力

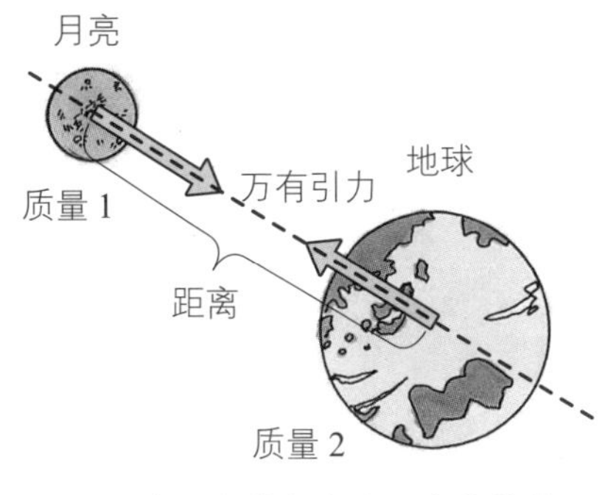

万有引力的大小由两个物体的质量乘积（质量 1× 质量 2）和距离决定，质量乘积越大，两者距离越近，万有引力越大

离心力是进行旋转运动时感到的向外作用的力

苹果和地球的相互作用

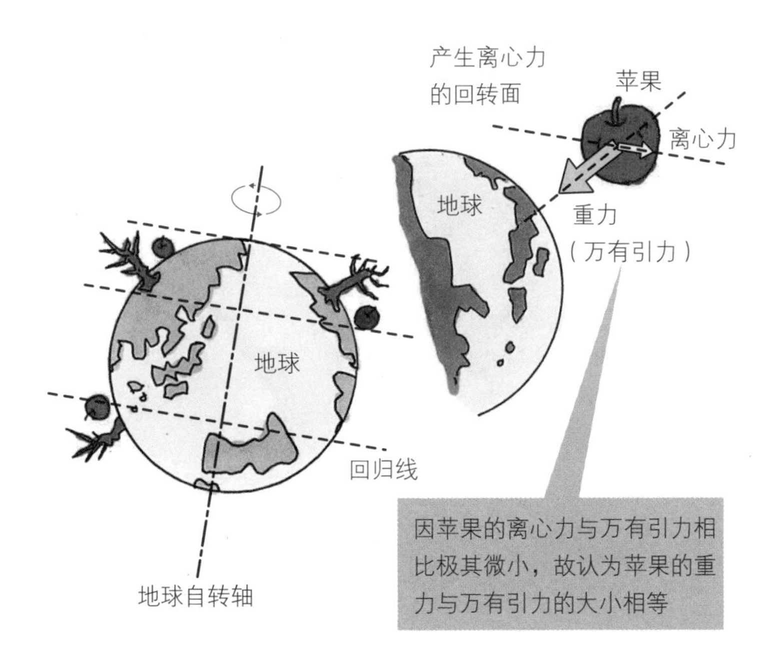

因苹果的离心力与万有引力相比极其微小，故认为苹果的重力与万有引力的大小相等

1-6 作用于放置在桌上书的力——相互作用和作用力与反作用力

作为身边的相互作用的例子，我们来研究一下放置在桌子上的书。书承受着重力作用，书又对桌子施加了与重力大小相等的竖直向下的力。相反地，桌子为了支撑书会对书施加同等大小、方向相反的力。这是书和桌子之间成对出现的力产生了相互作用，即物体 1 对物体 2 施加力后，物体 2 反过来对物体 1 施加同样大小而方向相反的力，这称为作用与反作用。

这里，即便将“竖直”改为“垂直”也说得通，但因为“垂直”这一词汇指线和面成 90° 角相交的含义较强，所以表示垂直于水平面的重力方向时使用“竖直”。在这个例子中，虽然认为书的重量作用于桌子，但成对的作用力与反作用力中，任何一方作为作用方都可以，所以也可以认为桌子的力作用于书。

在 1-4 节的电梯例子中，若从电梯的地板和人的相互作用来考虑，可以解释如下：停止状态的电梯地板向人施加了与人的重力相同大小的向上的作用力，而人向地板施加了向下的反作用力；在上升的瞬间，地板向人施加了大于重力的作用力，而人向地板施加了同等大小的反作用力；在下降的瞬间，地板向人施加了小于重力的作用力，而人向地板施加了同等大小的反作用力。根据电梯是上升还是下降，地板与人之间相互作用力的大小产生变化，所以人感觉到体重的变化。

两个物体之间的相互作用是，无论静止还是运动，两个物体之间都存在着作用与反作用的关系。

放置在桌子上的书

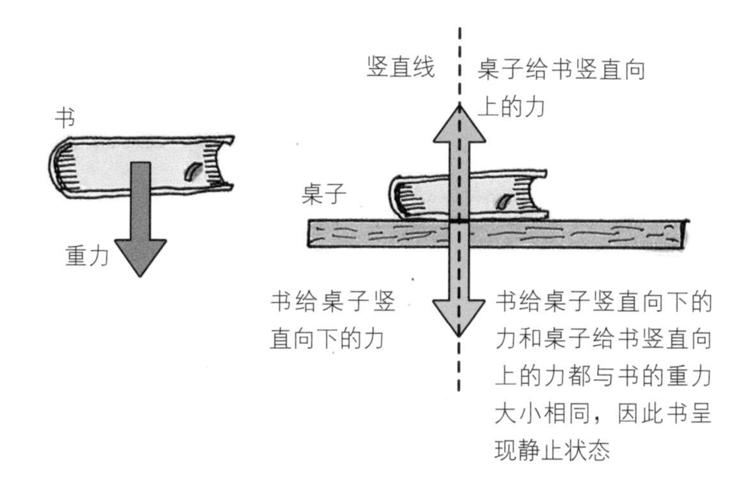

电梯与人的相互作用

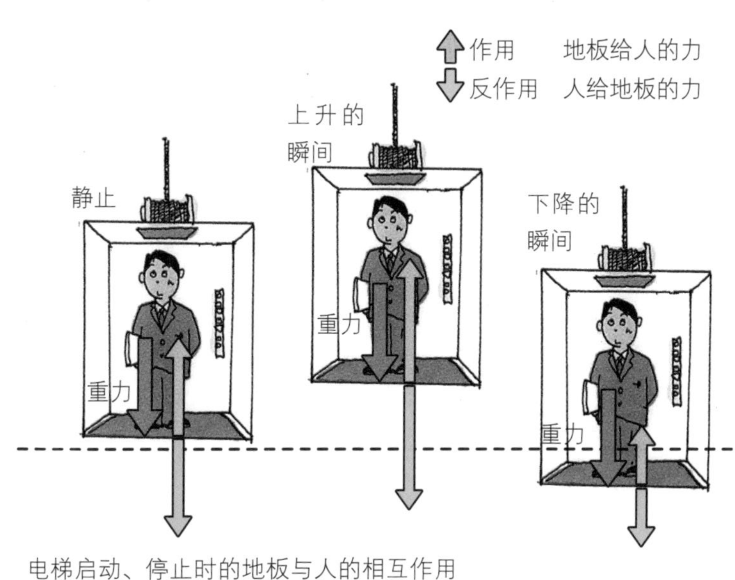

1-7 摩擦是在接触面相对运动时产生的现象

我们在推动放置在地板上的货物时，在开始移动时需要用很大的力，而在货物移动之后，即使减少些力也可以持续推动货物。从这一现象中，我们能够理解货物和地板的接触面上有摩擦的作用，摩擦阻碍货物的移动，物体开始运动时的摩擦比运动中的摩擦大。还有，我们也从经验中得知，推动重的物体时需要用更大的力，也就是说重的物体会产生更大的摩擦。

摩擦是当两个相互接触的物体相对运动时，产生的阻碍接触面相对运动的现象，这种阻碍运动的力称为摩擦力。摩擦的原因有很多，如物体沿凹凸不平的接触面相对运动时的力学阻力、相互接触的物体表面的分子之间相互吸引的分子间作用力等。

在这里，我们想象一下挤压两个表面凹凸不平的物体。这样两个物体相互之间运动时，凹凸不平的接触面因运动而产生的阻力就形成了摩擦力。在相对运动的同时，增加两个物体与接触面垂直方向的压力，摩擦力就会变得更大。然后，使两个物体之间不再有相互运动，只给两个物体施加与接触面垂直方向的压力，因为没有了克服凹凸不平表面的运动，所以就不会产生摩擦力。这个例子从凹凸的间隔和接触面积的变化考虑，也能想象得到分子间作用力的变化。就是说，摩擦力是在接触面上有相对运动的同时施加与运动面垂直的压力时才能产生的力。

摩擦在接触面产生

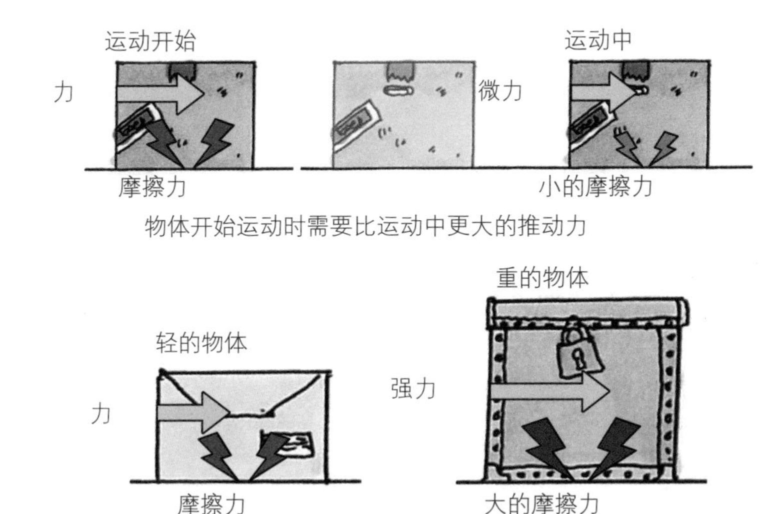

物体开始运动时需要比运动中更大的推动力

重的物体会产生严重的摩擦

摩擦的形成

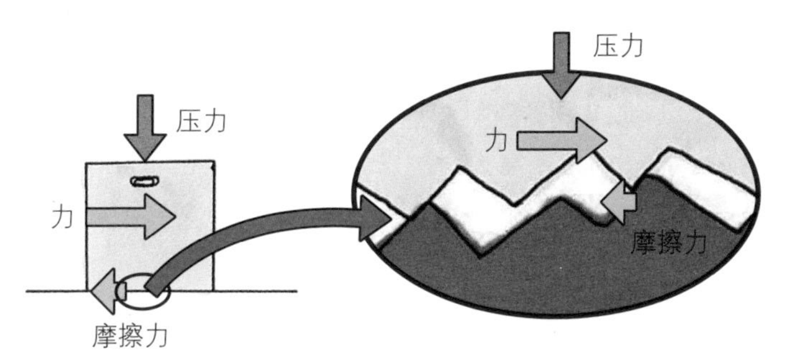

物体表面的凹凸不平对相对运动产生的阻力就形成了摩擦力

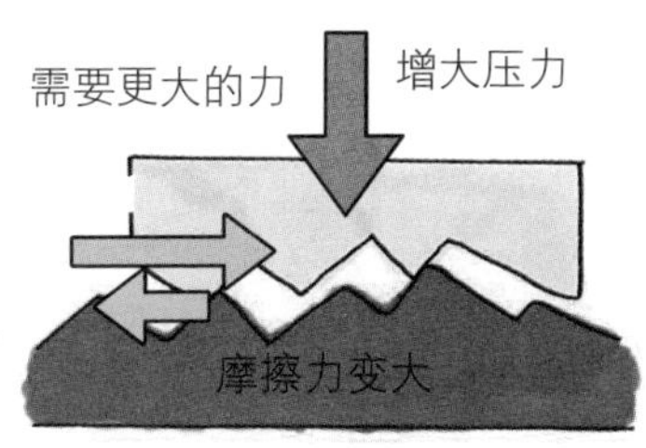

增加压力的话，则摩擦力变大

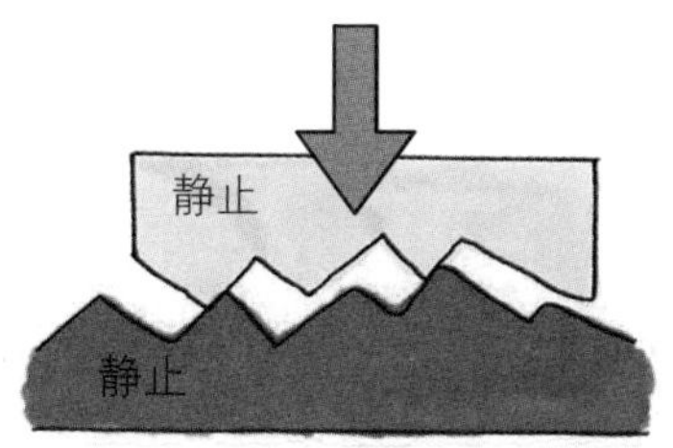

如果没有表面的相对运动，就不会产生摩擦

1-8 简化物体的运动——质点与坐标系

在力学中所说的运动是指物体位置随着时间的变化而发生变化的现象。位置变化的大小称为位移。通常投掷棒球的球或踢足球的球时，如果不受风力等的影响，球会极其自然地进行连续运动。这在力学中认为是理想状态。

在考虑物体的运动时，要避免从物体的大小和形状去判断其运动状态。为此，将物体的全部质量都集中简化为一假想的质点，从而使物体的运动理想化。

记录运动轨迹的方法有多种。例如，利用平面上相互直角交叉的两条直线，描绘物体的质点轨迹，这是记录平面上的点的运动。如果在这两条直线的基础上，再加上与这两条直线都垂直相交的第三条直线，就可以表示出空间上的质点运动。描述这种运动情况的环境称为坐标系。

运动是在确定好坐标系后，由时间的变化和质点的位移来描述的。如右下图中所示，我们思考一下搭乘电车的 A 先生和在铁道口等待电车通过的 B 女士互相观察彼此运动的情况。此时，因为有两名观察者，可以认为有两个坐标系，即随电车移动的 A 先生的坐标系和在地面上的 B 女士的坐标系。

从 A 先生的角度看向 B 女士时，在 A 先生的眼中 B 女士是以电车的行进速度向电车运动方向相反的方向运动。而从 B 女士的角度看向 A 先生时，在 B 女士的眼中 A 先生是以电车的行进速度向电车运动方向运动。进行相对运动的 A 先生和 B 女士是通过各自不同的坐标系来观察对方的运动的。

球和质点的运动

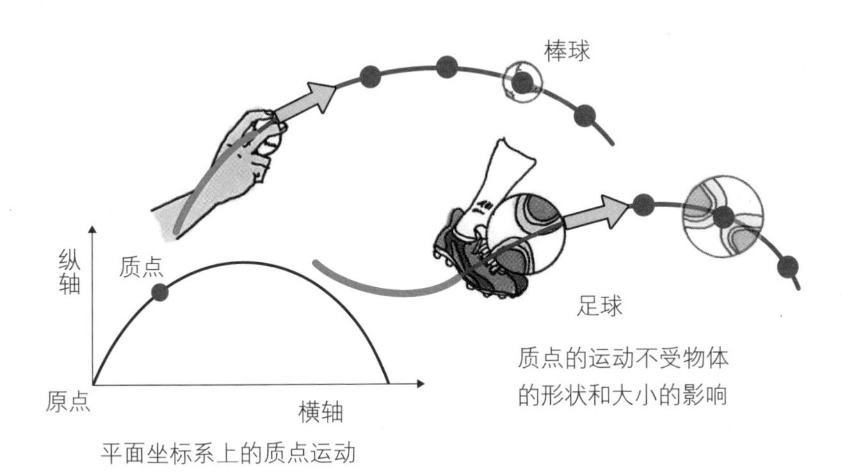

平面坐标系上的质点运动

运动的坐标系

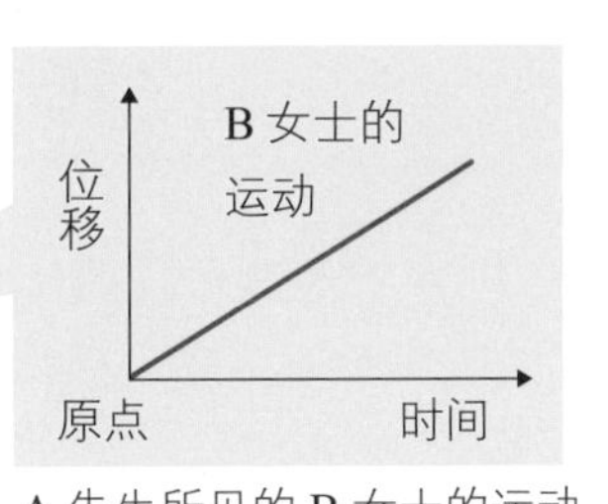

A 先生所见的 B 女士的运动

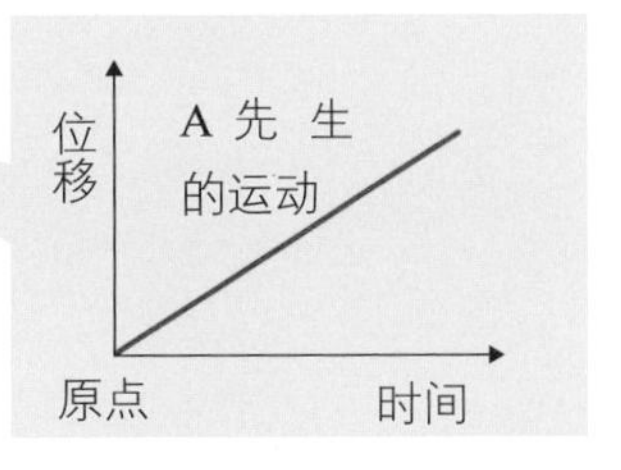

B 女士所见的 A 先生的运动

因为 A 先生和 B 女士通过不同的坐标系观察对方的运动，所以需要分别考虑

1-9 速率和速度是不同的物理量——标量与矢量

在考虑物体的运动时，容易混淆速率和速度的差别，两者的不同点在于速率是只有大小的量，而速度是具有大小和方向的量。此处的大小指的是单位时间内移动的距离，方向是指沿着表示行进路径方向的线所指的方向行进。需要注意的是指向和方向的不同，要区别考虑。水平方向只是表示与水平线平行的路径，运动的状态则表示为水平向右或水平向左。下面，我们用实际的例子表示速率和速度的差异。

“台风伴随着最大风速 25m（25m/s）的暴风雨，以平均时速 30km（30km/h）向东北方向前进。”在这种台风报道中用数值表示了速率，如 25m/s 表示风势的大小，30km/h 表示行进程度的大小，然而向东北方向的 30km/h 是在前进速率上增加了方向的速度。

在此，如同速率那样只具有大小的量称为标量，而如同速度那样既有大小又有方向的量称为矢量。在用图表示汽车等移动过程中的状态时，我们经常用带长箭头的有向线段表示快的车，用带短箭头的有向线段表示慢的车。与此相同，矢量也使用箭头表示。速度矢量是用线段的长度表示速率的大小，用箭头的方向表示运动的方向。

为了表示指向，我们考虑坐标轴。如果以 1m/s 水平向右移动的物体 A 的指向为 +（正）的话，那么以 2m/s 水平向左移动的物体 B 的指向就为 -（负）。这样，指向的不同可用正负符号加以区别。

速率与速度

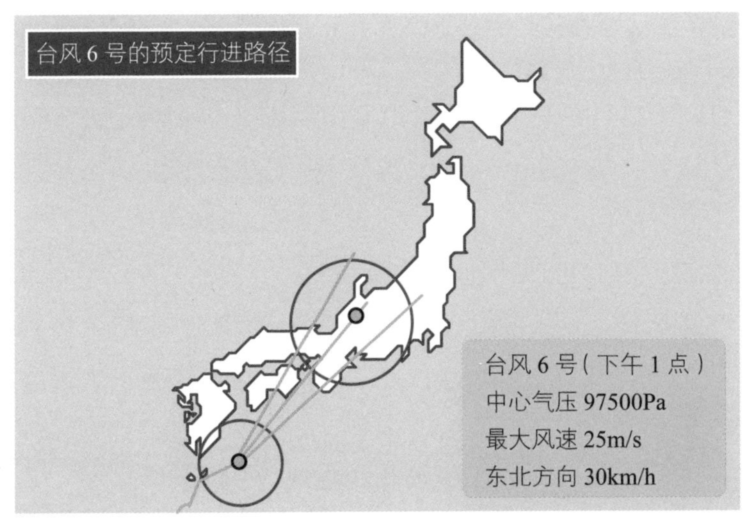

最大风速是指风势的大小，东北方向 30km/h 是含有方向和速率的速度

矢量的表示

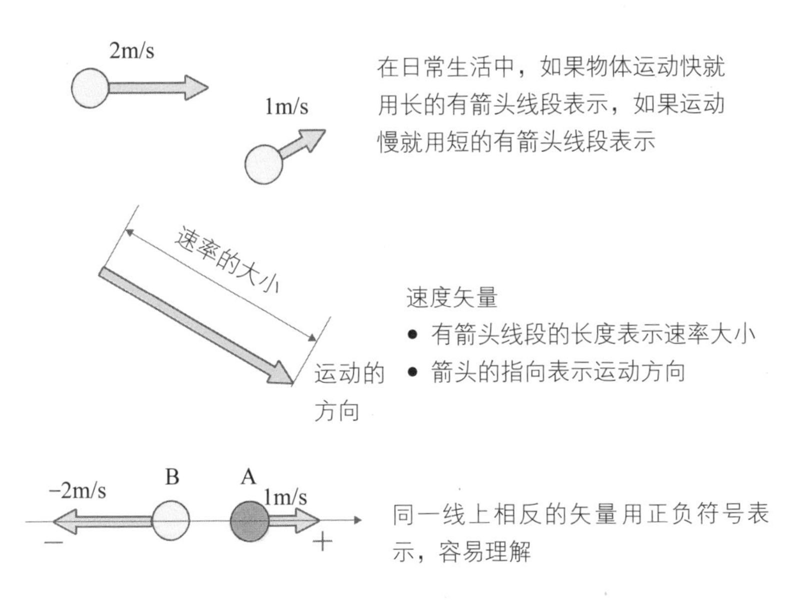

1-10 长度和时间等的描述方法——物理量和单位

虽然直到 1-9 节我们都是在尽力避免对符号和单位等进行解说，但为了正确描述现象，用符号和单位来区分使用描述的量的大小与其表示对象的单位是非常方便的。

有两根棒，与其说“A 比 B 稍微长”，还不说“A 比 B 长 2cm”，这样可以更准确地传达比较的结果。如长度、质量、力、速度等的可测量并用定量方法表示的量称为物理量，如“2cm”，“表示大小的数值”和“表示长度的单位”是成对表达的。

物理量有着各种各样的种类，目前在国际上使用的国际单位（SI 单位）中，有 7 个基本单位，分别是“长度：米（m）”“质量：千克（kg）”“时间：秒（s）”“电流：安培（A）”“温度：开尔文（K）”“物质的量：摩尔（mol）”“发光强度：坎德拉（cd）”。

如同速率 5m/s 是表示“单位时间（s）内的位移（m）”一样，可用基本单位的组合来表示现象。由 SI 基本单位组合起来而构成的单位称为导出单位。力学相关的“力：牛顿（N）”“压力：帕斯卡（Pa）”“能量或功：焦耳（J）”“功率：瓦特（W）”等作为具有特定名称的导出单位被授予特别的符号。

用 SI 单位表达的数值位数特别小或特别大时，在基本单位的前面能添加以 10 的整数次幂为单位的词头。只有质量的基本单位 kg 是一个例外，其本身就带有词头“k”。因此，物理量对表示大小的数值和表示对象的单位是成对表述的，而在过小的值或过大的值前使用词头。

物理量和 SI 单位

- 物理量的表示方法

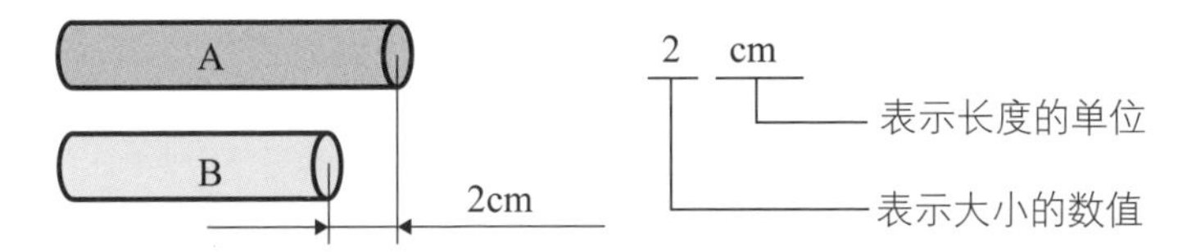

- SI 单位的 7 个基本单位

物理量	名称	符号
长度	米	m
质量	千克	kg
时间	秒	s
电流	安培	A

物理量	名称	符号
温度	开尔文	K
物质的量	摩尔	mol
发光强度	坎德拉	cd

导出单位和词头

- 具有特定名称的复合单位的实例

物理量	名称	符号	定义
力	牛顿	N	$kg \cdot m/s^2$
压力	帕斯卡	Pa	N/m^2
能量或功	焦耳	J	$N \cdot m$
功率	瓦特	W	J/s

- 词头举例

因数	词头	符号
10^{-1}	分	d
10^{-2}	厘	c
10^{-3}	毫	m
10^{-6}	微	μ
10^{-9}	纳	n
10^{-12}	皮	p

因数	词头	符号
10^{1}	十	da
10^{2}	百	h
10^{3}	千	k
10^{6}	兆	M
10^{9}	吉	G
10^{12}	太	T

1-11 抛球时的技巧——抛投运动

在与孩子玩抛球的时候，想玩得开心就要抛出去的球容易地被接到。这里关键是向斜上方抛球，那么考虑一下其中的原理是什么？

抛出去的球在到达对方位置之前，受到重力作用在竖直方向会持续坠落。如果用强劲的力抛出快速运动的球时，这一坠落的距离会变小。相反，慢速运动的球，到达对方位置所需要的时间会更长，则球的坠落距离也会增加。于是，提前预留好球坠落的距离，而用较小的力向斜上方抛出球的话，即使是缓慢运动的球也能到达孩子面前。

但是，在这一说明中，球的速度交代得含糊不清，那让我们从力学角度来进行分析。运动物体的速率可以用运动路径切线方向的速度大小来表示。此时，认为球是在与地面垂直的平面内运动，设球的运动水平方向为 x 轴、高度方向为 y 轴。因为球的运动曲线呈现出弓形，则设抛出球的点为①、球经过路径的最高点为②、接到球的点为③。

我们将球的切线方向的速度分解到 x 轴方向和 y 轴方向（这具体在第 2 章中进行说明）。在①点，向斜上方抛出的球在 x 轴方向的速度一直到在③点被接到前都可以认为是一定值。在 y 轴方向上，因为球是被向上抛出的，上升到达②点之后开始下降，在③点被接到。在③点的球的速度是由 x 轴方向的速度和 y 轴方向的速度合成的，因此，向斜上方抛出球时，接球之前所需要的时间长，接球的人能慢慢地想出接球的措施。我认为能按照需要自由地进行速度的分解和合成。

向斜上方抛出的球容易被接到

向斜上方抛出的球比水平抛出的球更容易被接到

速度的分解和合成

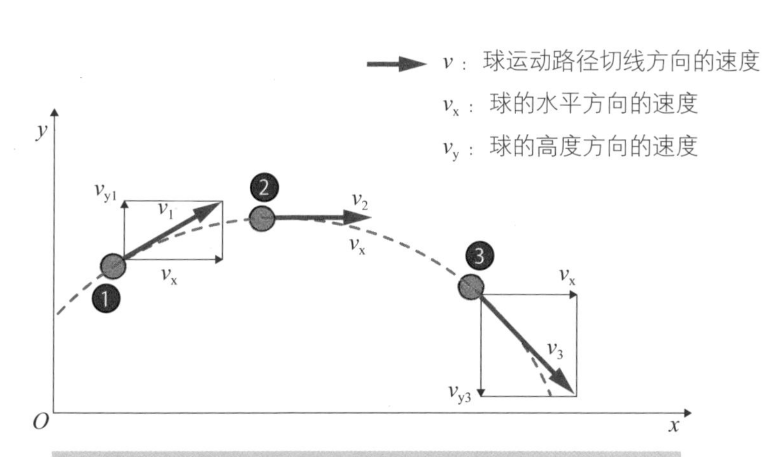

- 球的速率是球运动路径切线方向的速度大小
- 球抛出时的速度决定水平方向的速度
- 球的高度方向就是进行向上投掷运动
- 球的速度随经历时间而变化

1-12 力（矢量）的表示和使用

力是矢量，要用有向线段表示。有向线段的长度表示力的大小，有向线段的指向是力的作用方向，有向线段的起点称为力的作用点，这就是力的三要素。除了这三要素外，还有沿线段的方向所引的直线表示力的作用线。

另外，由于作用和反作用，都是大小相等、方向相反的两个力成对出现的。但是，一般情况下只画出推箱子的力，而不会画出其反作用力，这是为什么呢？这是因为手与箱子是不同的物体，而我们只关注箱子的运动。

在第 3 章中将进行详细说明，现在以简单的挂有 2 个物品的装饰吊挂为例，学习力的矢量的用法。

在结实的装饰吊挂架两端分别吊有重量为 1N（牛顿）和 2N 的两个物品，用细铁丝将装饰吊挂架吊挂在天花板上，设装饰吊挂架的被悬挂点为 P。忽略装饰吊挂架和细铁丝的重量，将表示两个重物的矢量值平行移动求和后，可以得到重物的总重量，就是竖直向下的 3N 力。作为反作用力，细铁丝在悬挂点 P 施加竖直向上的 3N 力，得以平衡。

两个重物以 P 点为支点，相互间有着向相反方向旋转的趋势，这一趋势的大小称为力矩。两个重物产生的力矩相互抵消时，呈现平衡状态。力矩等于从支点 P 到力的作用线的垂线长度和重量的乘积。力矩与连杆的形状无关，如果在力的作用线上移动矢量力，求取支点到作用线的垂线长度，就能够简化计算。

力的平衡可以在力的矢量三要素上添加力的作用线，通过使力矢量平行移动或在力的作用线上移动来考虑。

推箱子力的表示方法

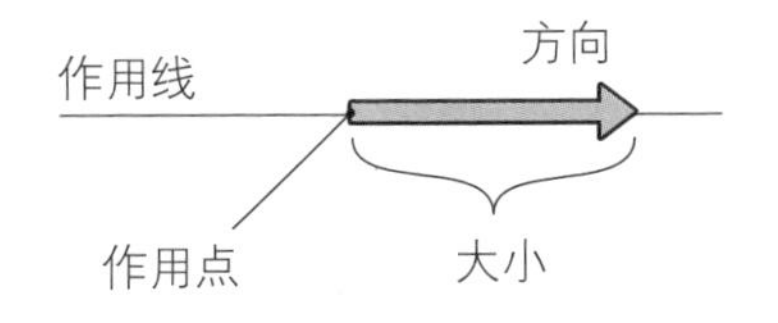

除了大小、方向、作用点这三要素，也要注意矢量表示的作用线

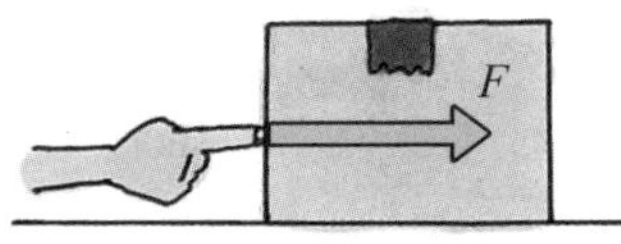

用手指推箱子时的矢量的图示方法

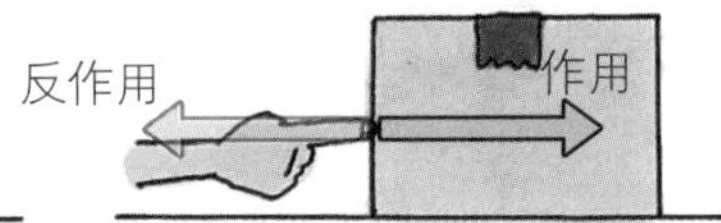

只画出推箱子的作用力是因为只关注箱子的运动

力矢量的描述方法

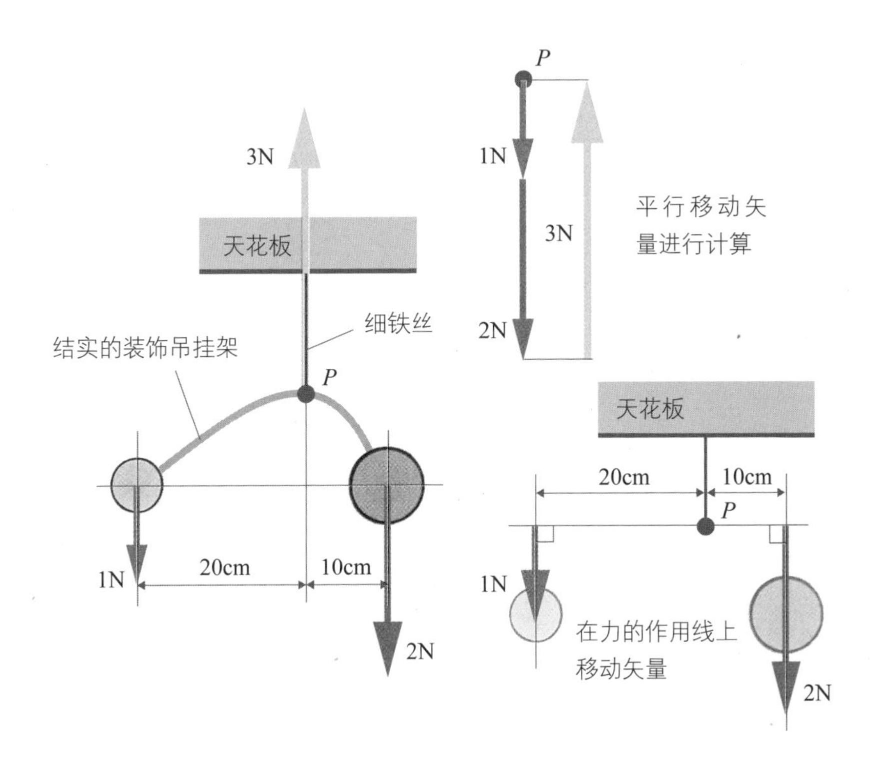

1-13 力和力矩的平衡——作用于刚体的力

由于力对物体的作用方式不同，物体有着各种各样的运动。但是，一旦受力的物体变形，那就无法限定物体的运动。因此，在考虑物体的运动时，需要使用**刚体**这一假设的理想模型，刚体即使是受到力的作用也不会发生体积和形状的变化。在力学中，一般默认固体就是刚体。

在用与地板平行的力推动放置于地板上的箱子时，力的作用线偏离箱子的重心就会使箱子产生旋转的趋势。这种使箱子旋转的就是**力矩**。

受到力作用的刚体的运动取决于下面的两个条件。

- 作用于刚体的合力为零时，刚体不移动。
- 力矩的总和为零时，刚体不旋转。

合力是指由多个力合成的力。

力矩的大小是以任意点为基准点，这点到力的作用线的最短长度和力的大小的乘积。任意点可选取旋转的中心点或重心等。重心是代表物体质量的点，也称为**质量中心**。

现在结合右下图，说明力作用于刚体的效果。设向右的力为正（+），以物体重心 G 为基准点向左旋转的力矩为正（+）。在情况①下，力 F 的作用线通过物体的重心，则力矩为零（基准点到作用线的最短距离为零），物体向右移动。在情况②下，两个力在同一作用线上且方向相反，则力和力矩分别相互抵消，物体静止。在情况③下，力 F 和力的作用线都偏离物体的重心，则作用有负的力矩（$-M$），物体向右旋转并向右移动。

推箱体的例子

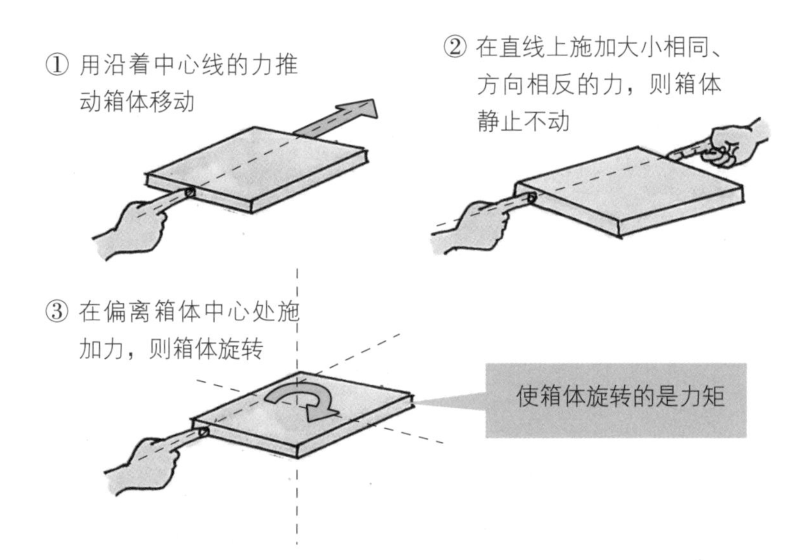

作用于刚体的力

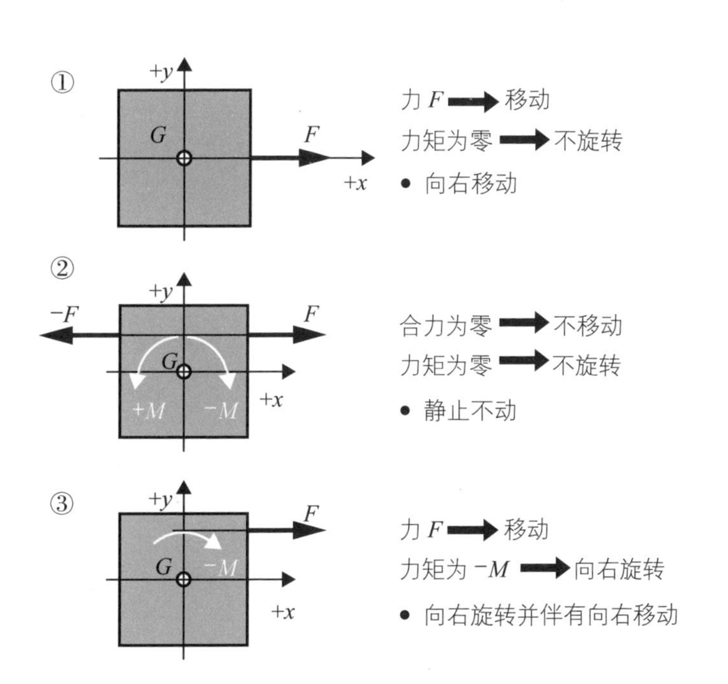

1-14 功就是使物体移动

功这一词汇经常在我们的日常生活中出现。作为力学用词使用的功，其含义倒是与日常中的“体力劳动”的意义相似。

在力学中，功就是给物体施加一个力，并使物体在力的方向上移动一段距离。用手指给物体施加一个 F 力，使物体在力的方向上只移动一段距离 s，则功 W 表示为 $W=Fs$。这就是说手指对物体做了功，或是物体接受了手指给予的功。

虽然是这么说，但我们无论以多大的力推动楼房的墙壁，恐怕楼房的墙壁都不会移动，因此移动的距离 $s=0$，其功为 $W=F\times 0=0$。这就是说，我们无论怎样施加力来推动楼房的墙壁，只要墙不移动，那么功就为零。功是标量，从公式 $W=Fs$ 来推断，功的单位似乎该是 N·m（牛·米），但实际使用的 SI 单位中功具有专属的导出单位 J（焦耳）。

功的定义明确而容易理解，但如何考虑在下面运动过程中的功更好呢？

有一以速度 v_0 运动中的物体，对其施加与运动方向相反的力 F，则物体的速度降低到 v，而物体在降速期间移动了距离 s。在这种场合下，如果设物体的运动方向为正，则力 F 的作用方向是妨碍物体运动，因此取 $-F$，而功 $W=-Fs$。也就是说，以 W 的大小做与运动方向相反的功，这种情况称为负功。我们骑自行车时采取的刹车制动就是对自行车的运动做负功。

这样就有使物体沿着力的作用方向移动的正功和施加的力妨碍物体运动的负功。

何为功

- 功 = 力的大小 × 移动距离

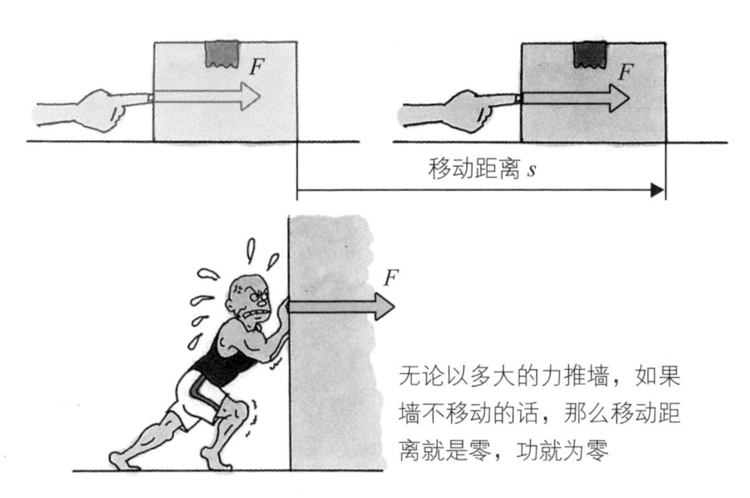

负功

- 负功 = 与运动方向相反的力的大小 × 移动距离

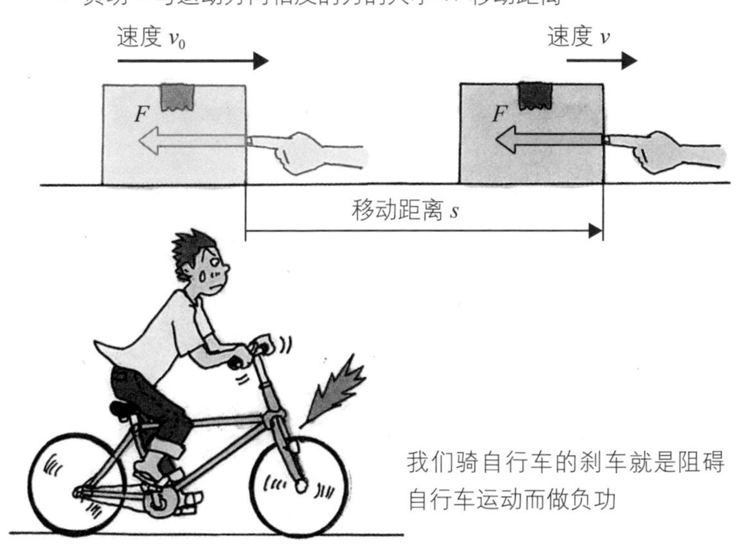

1-15 能量是做功的能力——机械能守恒定律

在力学中，能量的定义是指做功的能力。那么，这种做功的能力是指什么呢?

有一带钉子的木板，只有钉子的前端小部分被钉入木板。举起手握的铁球到某高度，对准木板上的钉子头部后松手，则铁球坠落并与钉子头部碰撞，从而将钉子钉入木板。以铁球为参考对象研究这一系列运动，这就是铁球被人提起而获得了势能，开始坠落，做了将钉子钉入木板的功。也就是说，铁球从被人提起到将钉子钉入木板的这段时间内，都处于能够做功的状态，但实际没有做功。能够做功但不做，这就是做功的能力，即能量。

位于高度 h 的物体所具有的能量称为**势能**，用 U 表示。势能用“物体的重量 × 高度”来表示大小，单位是与功相同的 J（焦耳）。高度相同的质量为 $2m$ 的铁球的势能是质量为 m 的铁球的 2 倍。铁球坠落的话，高度随之降低，则势能减小。但是，在高度 h 静止的速度为 $v_0=0$ 的铁球，在下落过程中，其势能减小，速度增大。运动的物体所具有的能量称为**动能**，用 T 表示，因此，势能减少的量转换为动能。在下落到高度等于零的同时，达到最大速度 v_e，即铁球在高度 h 时所具有的势能全部转换成为动能。这种势能和动能的和称为**机械能**。在坠落的铁球中，因为势能减少的量转换成了动能，而能量的总和不变。这就是**机械能守恒定律**。

何为做功的能力

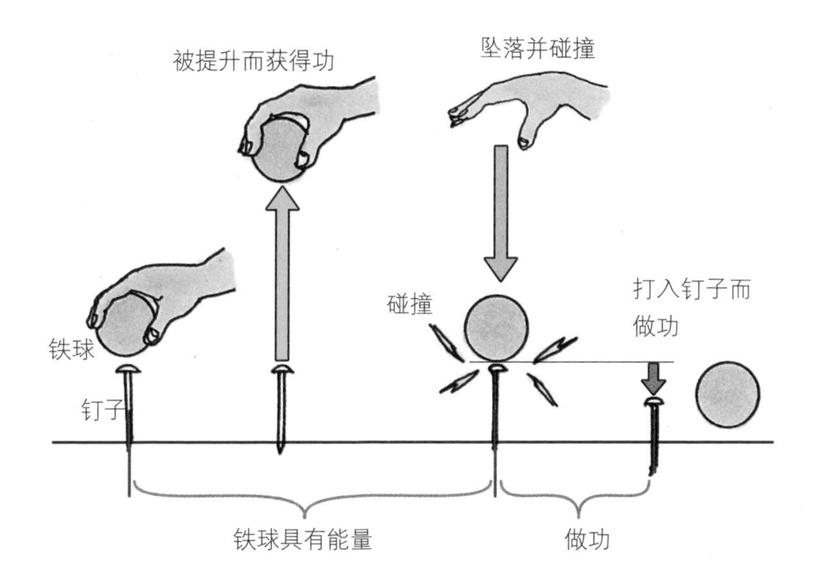

机械能

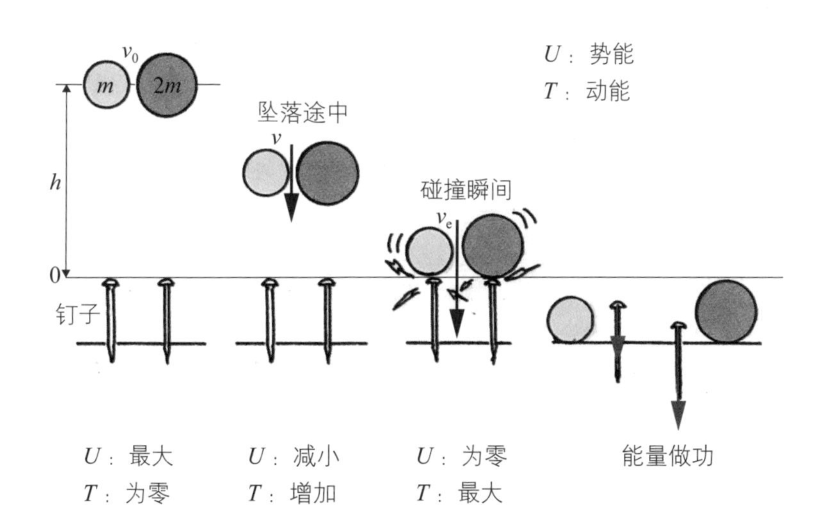

随着铁球的坠落，势能减小，动能增加，在铁球碰撞钉子的瞬间，能量全部传给钉子而对钉子做功

1-16 动量表示运动的趋势——动量守恒定律

1-15 节中所说的动能是表示如果运动的物体做功的话，能够使用的能量的大小。然而，即使不特意地将运动的状态转换为功的大小，也能用动量来表示物体在它运动方向上保持运动的趋势。例如，相同大小的铁球和网球以相同的速度运动，那么肯定是铁球在它运动方向上保持运动的趋势大。如果加大淋浴时的水流，莲蓬头就会左右摆动。这个表示保持运动趋势的物理量称为动量。动量是大小等于“质量 × 速度”的矢量，单位直接使用 kg · m/s。

铁球的质量比网球的质量要大很多，如果以相同的速度运动，那么肯定是铁球的动量大，作用效果强。如果增强淋浴的作用效果，则喷出水的质量和速度都增加，动量就变大。

如同能量守恒一样，运动的物体所具有的动量也是守恒的。现以相同质量的红球和蓝球的碰撞为例来说明动量守恒。设两个球都在不受外力作用的独立的惯性坐标系中。碰撞前，整个系统的动量总和是红球所具有的动量 mv。运动的变化需要有力的作用，红球在碰撞的瞬间向蓝球施加了力，红球受到了蓝球的反作用力。两个球在完全弹性碰撞发生时，红球的速度在碰撞的瞬间转移到蓝球。碰撞之后，红球静止不动，而蓝球则以速度 v 运动。碰撞后的整个系统的动量总和是蓝球所具有的动量 mv，碰撞前后动量守恒。

动量是将物体的运动趋势定量化得到的，在独立的坐标系中，即使运动发生变化，动量也守恒。这就是动量守恒定律。

运动的趋势是什么

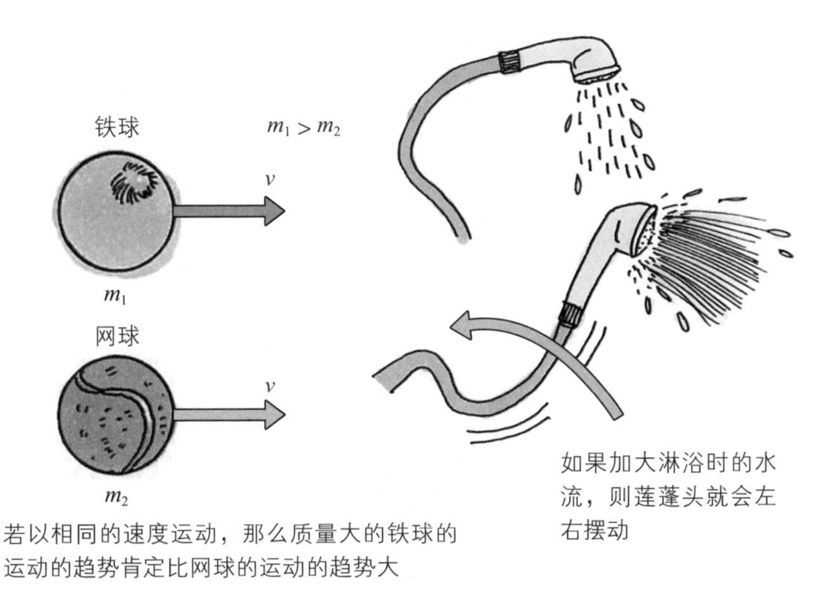

若以相同的速度运动，那么质量大的铁球的运动的趋势肯定比网球的运动的趋势大

如果加大淋浴时的水流，则莲蓬头就会左右摆动

动量守恒

在碰撞时红球速度与蓝球速度互换的完全弹性碰撞示例

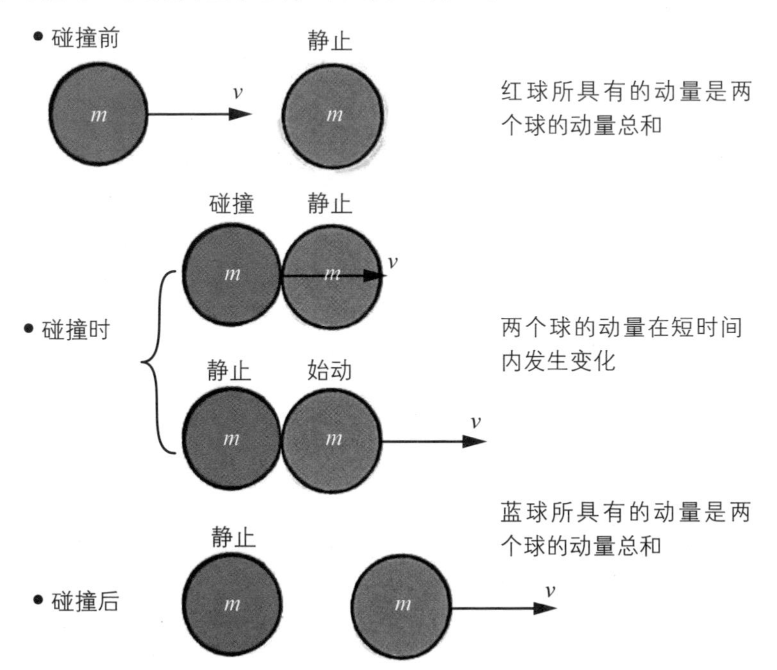

红球所具有的动量是两个球的动量总和

两个球的动量在短时间内发生变化

蓝球所具有的动量是两个球的动量总和

我们日常生活中的力学实验

即使我们一动不动地坐在椅子上，也受着因重力而产生的力的作用。如果骑着自行车，就能够体验到地面上的大多数的运动现象。乘坐电梯的话，就能在短时间内体验到重力作用。进而，游乐园中以过山车为代表的娱乐设施更能让你体验到日常生活中无法体验到的力学现象。

在第 1 章中，简单地说明了我们日常生活中可以体验到的、与本书主题内容有关的力学现象。因此，基本上没有使用到那些令人敬而远之的公式。

非常遗憾的是第 2 章以后会出现公式和计算。这种时候，建议实际去体验一下，从而与自己的感觉进行比较，或骑上自行车去确认运动。

力学是将事例简单化，通过套用既定的必须遵守的定律，去思考分析现象。在将事例简单化时，往往会有忽略了摩擦、忽略了阻力等假设，而实际上并不是那样能简化处理的。因此，我们会感到简化假设设定后，进行计算得到的结果会与事实不符，这种结果会被加倍为 1.5 倍、2 倍或者只有 1/1.5、1/2 等。这种倍数的数值是称为校正的一种方法，而不是胡乱的数字排列。

让我们使用橡皮绳、厨房秤、自行车等身边常见的物品来验证力学的理论吧。

No

Data

第 2 章

物体的运动

在本章中，我们来分析物体的运动。物体的运动需要力的作用，但是，这里我们不研究什么样的力能使物体运动，而是研究物体的运动状态。

2-1 赛跑选手的运动轨迹——基本的平面运动

虽然物体能进行各种各样的运动，但是在本章中，我们需要领会的是最基本的平面上的运动。这里的平面是指描绘图表时用垂直相交的两条轴线表示的面，水平面、竖直面或斜面等都包含在内。

现在，假如你正坐在观众席上给正要进行田径赛跑的选手加油（见图 1）。位于起跑线上的选手听到口令信号后开始起跑。选手起跑后立刻加速，一段时间内是奔跑在直线上，但在进入弯道前减速，并沿着圆弧的弯道奔跑；跑出这段弯道之后，以一定的速度跑过长直线段的跑道，之后，进入第 2 个弯道；跑出第 2 个弯道后，进行最后的加速（冲刺），到达终点。

那么，选手在这一过程中都进行了什么样的运动呢？让我们来整理一下（见图 2）。不知你注意到没有，在图 1 中使用有向线段来表示选手的运动。有向线段的长短表示的是运动的速度。就像图 2 中的①这样，用速度的矢量图来表示速度的大小和方向。

运动可以用其速度是一定的还是变化的来区分（见图 2 中的②）。即使速度一定，也有匀速直线运动或匀速曲线运动的区别。另一方面，速度变化的运动称为加速运动，不仅是加速的时候，要想到减速的时候也是一种负（-）向的加速运动。图 2 的③中所示的匀速运动是速度一定且速度的矢量方向与路径相同的直线运动，这也称为**匀速直线运动**。图 2 的④中所示的匀速运动是速度一定而速度的矢量方向在变化的**匀速曲线运动**。匀速直线运动与匀速曲线运动的区别就在于矢量方向是固定的还是变化的。图 2 的⑤中所示的匀速圆周运动是圆形弯道上的匀速运动，它的特点就是速度矢量方向在不断变化。

图 1　从上面俯视奔跑的选手

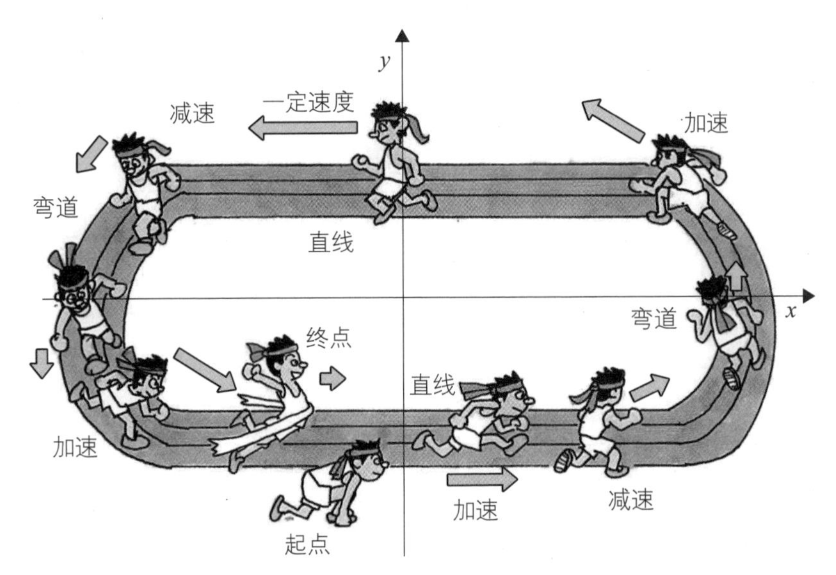

选手在赛道上跑一圈的过程中，有着平面上的所有运动

图 2　基本的运动

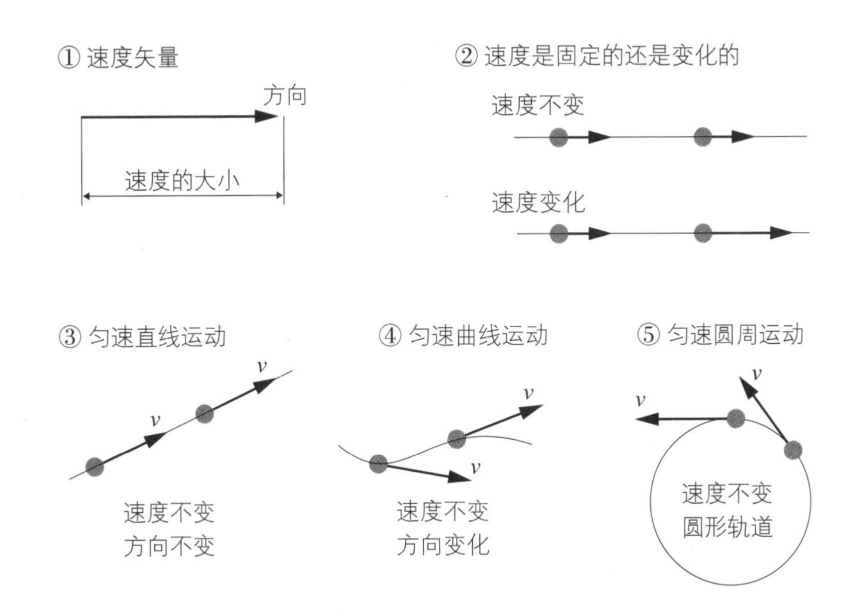

2-2 速度的国际单位是 m/s——速度的单位与换算

运动的速度无论是一定的还是变化的，或者速度的矢量方向是固定还是变化的，速度 v 的求解都是移动的距离 s 除以移动所用的时间 t。因为国际单位中的长度用 m（米）、时间用 s（秒）表示，所以速度的单位用 m/s（米 / 秒、米每秒）来表示。

顺便说一下，在力学中提到速度时，一般总是指匀速直线运动 v（见图 1）。但是，即使速度在运动过程中发生变化了，s/t 还是速度 v 并没有错误，它是在一定区间内的平均速度，而某个时刻的速度，则用瞬时速度来表达。

在力学中进行数值计算时的基本单位是国际单位。但是，实际上使用的速度单位除了 m/s 外，还有 km/h（千米 / 时，千米每时）或者 m/min（米 / 分，米每分）。因此，计算时需要将单位换算成 m/s。

例如，单位换算成汽车速度表（见图 2 的①）的单位 [m/min] 时，因为 1km/1h=1000m/3600s =1/3.6m/s，所以，只要将数值进行“×1/3.6”或者“÷3.6”的计算即可。在图 2 的②所示的带式输送机的换算时，因为 1min=60s，所以将 m/min 的单位量除以 60 就能完成单位换算。

理所当然，有很多人在 1min=60s、1h=60min=3600s 以及 1km=1000m 的单位换算中出错。即使做好了代数计算式（带入了数字的公式），在最后的数值计算出错也很遗憾。因此，简单的换算也要小心。记住，速度的基本单位是 m/s。

图 1　速度和单位

① 匀速v

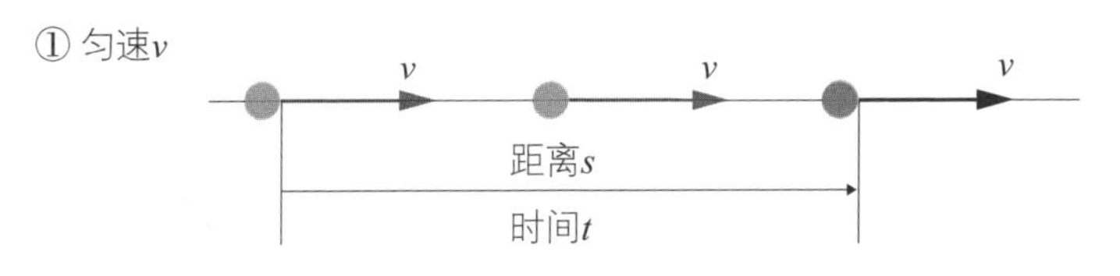

某时刻的速度不变是力学中的“速度”

② 平均速度v

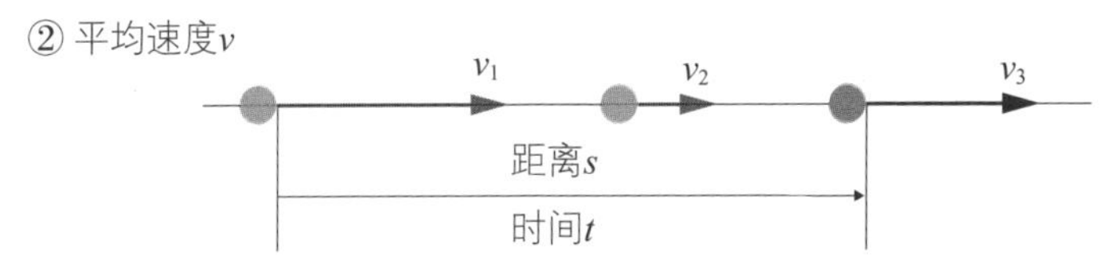

速度在过程中发生变化的话，s/t就是平均速度

$$速度 = \frac{距离}{时间} \qquad v = \frac{s}{t}$$

m/s　读为米每秒

图 2　速度的换算

① 54km/h换算成m/s

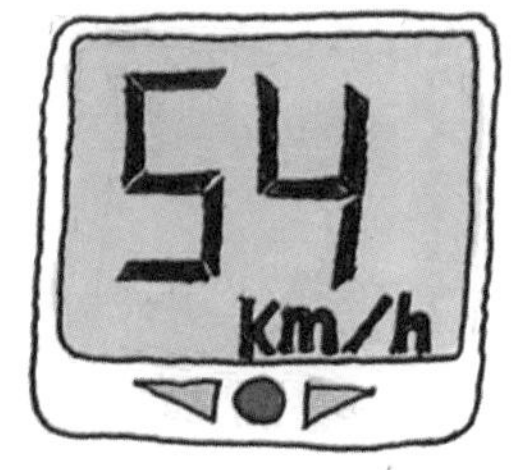

汽车的速度表示

$$54 \times \frac{1\text{km}}{1\text{h}} = 54 \times \frac{1000\text{m}}{3600\text{s}}$$

$$= 15\text{m/s}$$

这种换算就是$\frac{1}{3.6}$，则km/h换算成m/s只需要除以3.6

② 120m/min换算成m/s

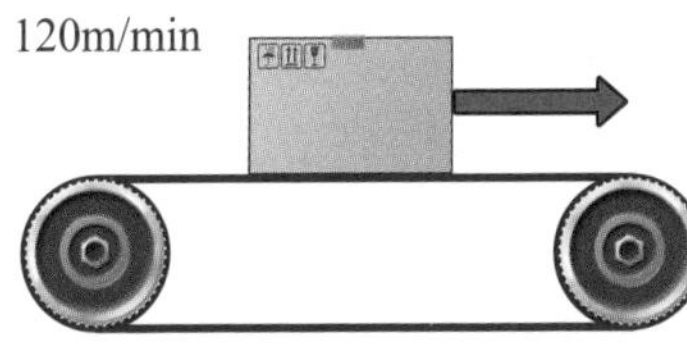

带式输送机和货物

因为1min等于60s，则m/min换算成m/s只需要除以60

$$120 \times \frac{1\text{m}}{1\text{min}} = 120 \times \frac{1\text{m}}{60\text{s}}$$

$$= 2\text{m/s}$$

2-3 通过例题学习匀速直线运动

我们沿直线走或者跑步的运动都是近似于匀速直线运动。先让我们活动一下头脑，求解一些日常生活中常见的简单的匀速直线运动的问题。

例题

现有 A 先生和 B 先生两个人。A 先生向离自己直线距离 20m 远的 B 先生打招呼后，立即开始向 B 先生走去。走到距离 B 先生 10m 的地方，B 先生说“快点过来”，因此，A 先生以原来速度 1.5 倍的速度加速走向 B 先生，出发后用了 15s 的时间到达。设 A 先生以匀速直线运动分别通过了开始走的前半段路程和加速的后半段路程，试求解以下各值：

①整个区间的平均速度；②前半段 10m 路程的速度；③后半段 10m 路程所用的时间；④后半段路程的速度（单位为 km/h）。

解题要点

• 整个区间的平均速率 v_A：不管途中的速度如何变化，都等于“距离 / 时间”。

• 由于整个过程所用的时间是 15s，设前半段的时间为 t_1、后半段的时间为 t_2，则有 $t=t_1+t_2=15(s)$。

• 设前半段路程的速度为 v，那么 $t_1=10/v(s)$。

• 后半段路程的速度是前半段路程的 1.5 倍，则有后半段路程的速度为 $1.5v$，那么 $t_2=10/(1.5v)$ (s)。

将这些数值和计算公式整理归纳如图 1 所示。

在图 2 的例题解答中，未知数 v 位于②的计算公式的分母最后，在求解这一类未知数的换算过程中容易出现错误。④的计算单位由 m/s 换算成 km/h，由于与 2-2 节中的由 km/h 换算成 m/s 正好相反，因此这次的换算只需要将秒速度“×3.6”。

记住：速度 1m/s=3.6km/h 相当于慢悠悠散步的速度。

图1　例题

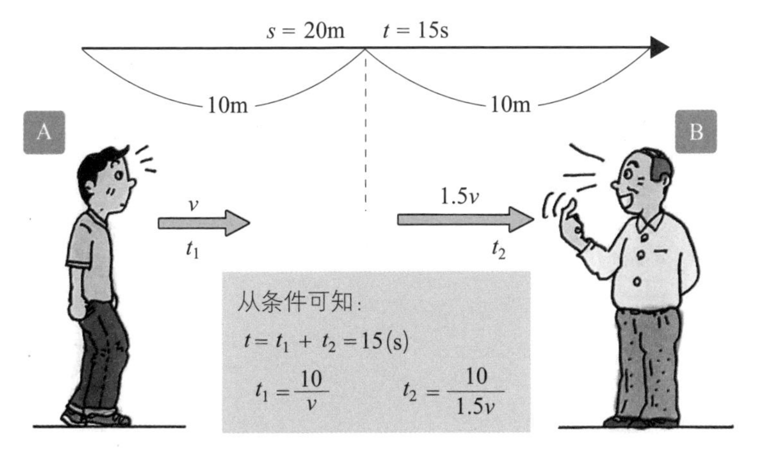

A先生被B先生招呼并向B先生走去，在中途被B先生要求“快点过来”而加速向B先生走去

图2　解答

① 整个区间的平均速度v_A

$$v_A = \frac{s}{t} = \frac{20}{15} \approx 1.3(\text{m/s})$$

② 前半段10m路程的速度v　　小心出错！

$$t = t_1 + t_2 = \frac{10}{v} + \frac{10}{1.5v} = \frac{15+10}{1.5v} = \frac{25}{1.5v} = 15$$

$$v = \frac{25}{1.5\times15} = \frac{5}{4.5} \approx 1.1(\text{m/s})$$

③ 后半段10m路程所用的时间t_2　　$\frac{4.5}{5}$就是$\frac{1}{v}$

$$t_2 = \frac{10}{1.5v} = \frac{10\times4.5}{1.5\times5} = 6(\text{s})$$

④ 后半段的速度，单位为km/h

将m/s换算成km/h

$$\text{后半段的速度} = 1.5v = 1.5 \times \frac{5}{4.5} \times 3.6 = 6(\text{km/h})$$

2-4 将问题视觉化——匀速直线运动图

力学的问题就是描述物体的状态在何时、何地、如何发生变化，若将这些事情表示成公式的形式就简单易懂了。但是，在不熟练的时候，也就不知道该从何处着手为好。那时，请将问题描绘成图或图表来看。将运动视觉化后，就容易找到线索。看看 2-3 节例题的图形（如图 1 所示）。一般情况下，在运动的图表中，用横轴来表示时间，用纵轴来表示速度或距离。

图 1 称为**距离 - 时间曲线**。虽然整体时间是 15s，但因为不知道前半段路程和后半段路程各自所需用的时间，所以用暂时不确定的点 P 分割成 t_1 和 t_2。由于匀速直线运动中的距离与时间成正比，图形显示的是直线，因此，分别用直线连接原点 O 与 P 点以及 P 点与 Q 点。此时，你就会留意到图中的**直线倾斜度**（距离 / 时间）恰好表示速度，前半段路程和后半段路程的速度正好可用图中的计算式（1）$v=10/t_1$ 和式（2）$1.5v=10/t_2$ 求解。至此，完成了计算式。然后，只要消除式（1）与式（2）中共有的未知数 v，就能得到只含有时间的算式（3）$t_1=1.5t_2$。

图 2 称为**速度 - 时间曲线**。由于匀速直线运动中的速度是一定的，因此，时间 t_1 的速度 v 和后半段路程的速度 $1.5v$ 可以描述成与时间轴平行的直线。这时，你就会发现图中“速度 × 时间”得到的距离，恰好是长方形的面积 s_1 和 s_2，前半段路程和后半段路程的距离可以用图中的式（1）$10=vt_1$ 和式（2）$10=1.5vt_2$ 表示。由这两个计算式，可以得到前半段路程和后半段路程的时间比的计算式（3）$t_1=1.5t_2$。

无论是图 1 还是图 2，都能依据式（3）和整体时间整理成计算式 $2.5t_2=15\text{s}$，所以，求解出答案 $t_2=6\text{s}$。

将运动图像化

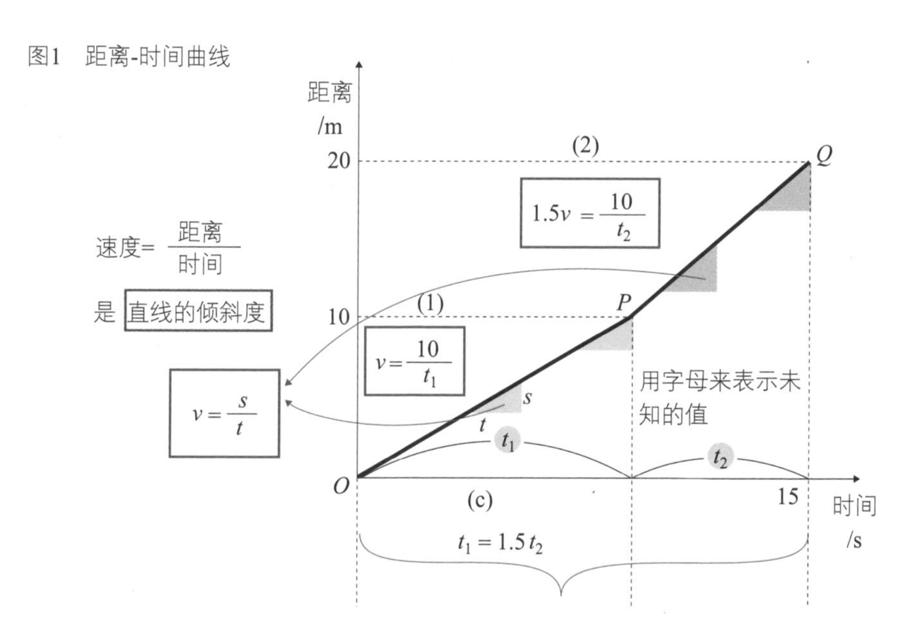
图1　距离-时间曲线
距离
/m
20
10
(2)
Q
$1.5v=\frac{10}{t_2}$
速度=$\frac{距离}{时间}$
是 直线的倾斜度
(1)
P
$v=\frac{10}{t_1}$
$v=\frac{s}{t}$
s
t
t_1
t_2
用字母来表示未知的值
O
(c)
15
时间
/s
$t_1=1.5t_2$

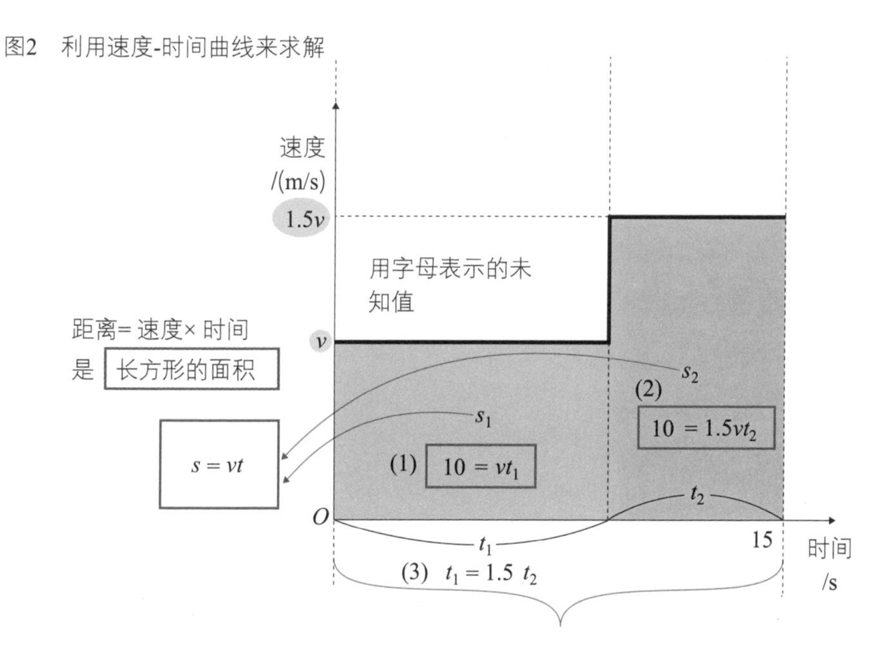
图2　利用速度-时间曲线来求解
速度
/(m/s)
1.5v
用字母表示的未知值
距离= 速度× 时间
是 长方形的面积
v
s_2
(2)
$10=1.5vt_2$
s_1
$s=vt$
(1) $10=vt_1$
O
t_2
t_1
15
时间
/s
(3) $t_1=1.5\ t_2$

2-5 灵活地思考——巧妙地使用绘画

在小学生的回答中，偶尔会发现让人惊讶的解答方法，“嗯，可以这样想的！”如让小学生看 2-3 节的问题的话，他们在转眼间就会给出答案，而且是在不使用 v、s、t 等记号的情况下。他们到底是怎么想出答案的呢？现在将问题的表述换成适合于小学生的问法。

“A 先生被在一条直路上的距离 20m 远处的 B 先生呼叫，马上就向 B 先生走过去。在走过 10m 距离的地方时，听 B 先生说到‘快点过来’，因此，A 先生以原来 1.5 倍的速度加速走向 B 先生，从出发开始到走到 B 先生所在的地方一共用了 15s。那么，加速行走的时间是多少？”

或许，他们有的仅仅回答 6s，也有的像图 1 那样进行除法计算获得答案。这个问题并没有说必须要写中间的公式，所以这些也都是正确的。那么，他们的想法是……

下面，我们描述一下他们的想法（参照图 2）。

① 距离等于“速度 × 时间”，正好是长方形的面积。绘制出纵向为速度、横向为时间的长方形。

② 后半段路程的速度是前半段路程的 1.5 倍。

③ 在速度分别是“1”和“1.5”的两个长方形中，如果距离相等的话，2 个时间的比例就成为了“1.5”和“1”，就是 2 个长方形的纵向和横向的关系。

④ 因此，前半段路程的时间是后半段路程时间的 1.5 倍。

⑤ 于是，整体路程的时间是后半段路程时间的 2.5 倍。

⑥ 因此，用整体路程的时间 15s 除以 2.5，就得到后半段路程的时间。

这样的想法也许是他们在瞬间就能想到的。

图 1　也许会有这样的答案

知道整体的时间是后半段时间的2.5倍，则结果是正确的

图 2　小学生这样考虑

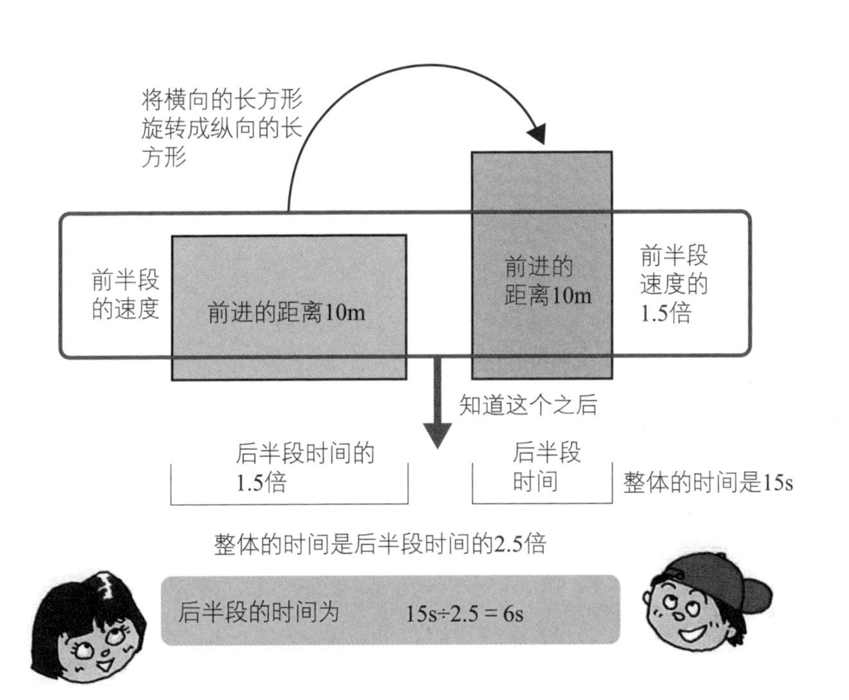

2-6 汽车从启动到停止——加速运动

加速运动是指物体从高处落下来或者汽车启动加速时所进行的运动。让我们从力学的角度来分析加速运动。

正在驾驶汽车的你因红灯将车停止在 P 点（见图 1）。假如，道路是车辆很少且视线良好的直线道路，在 200m 左右就能看见前方 Q 点处的暂停路标。当信号变绿时，你会怎样驾驶汽车呢？因为有暂停标识，所以，你会这样驾驶：平稳地以恒定的速度比例加速之后，以恒定的速度行驶一会儿，再以恒定的速度比例减速，最后停止在暂停线前。

在图 1 的速度 - 时间曲线中，以图表的方法再现了你的驾驶过程。这个在点 P 出发的加速运动和接近点 Q 的减速运动都是加速运动。以恒定的速度行驶的运动是前面已经说过的匀速直线运动。

在加速运动中，单位时间内速度的变化率称为加速度 a。我们使用 Δ（德尔塔）表示现象的变化量，则速度的变化量为 Δv、时间的变化量为 Δt，则加速度 a 就定义为速度的变化量 Δv 除以时间的变化量 Δt，即 $\Delta v/\Delta t$。因为加速度是速度（m/s）除以时间（s），所以单位是 m/s^2（米 / 秒 ^{2}，米每平方秒）。

如图 2 的①所示，P 点出发后的加速运动称为正向加速运动，通常情况下省略“正向”，直接称为加速运动；如②所示，接近点 Q 的减速运动称为负向加速运动。另外，测量变化的速度的某一点所得到的是瞬时加速度，以恒定的加速度 a 连续加速的是匀变速运动。匀变速运动的速度 - 时间关系曲线可用倾斜的直线来表示。

图1　汽车从启动到停止

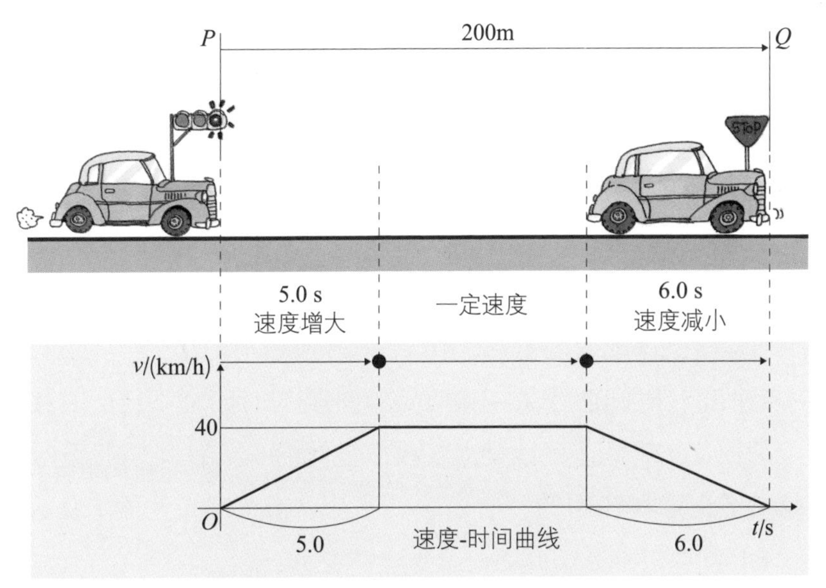

用曲线来描述从启动到停止的行驶的例子

图2　加速度的正向与负向

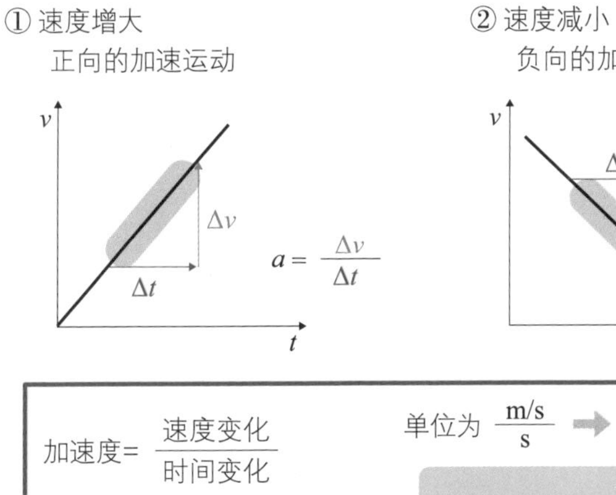

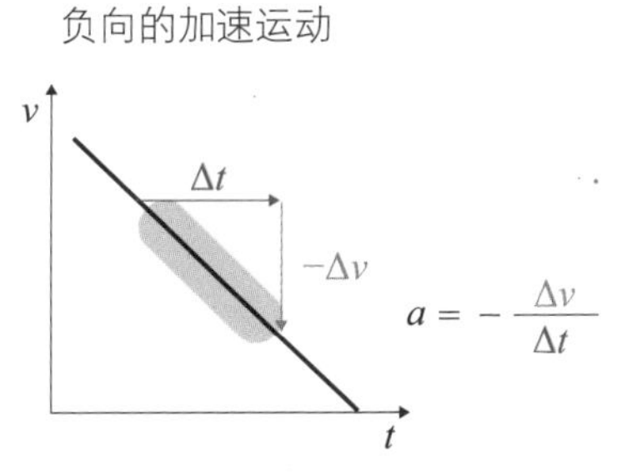

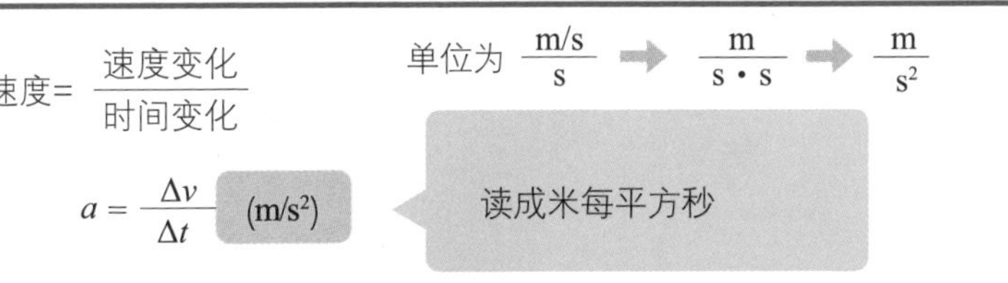

2-7 以匀变速奔驰的汽车——匀变速运动的公式

匀变速运动中有几个对计算有用的公式。这里，我们不能仅仅只是背记公式，而是要想想公式为什么能够成立，我们使用图形的方法去验证吧。

运动的前提条件是，初速度为 v_0 的汽车，以恒定的加速度 a，在 t 秒内行驶了距离 s，速度变为 v。

① 加速度－时间曲线是一条直线，且是与时间轴平行的直线。这个图形的面积（a）就是速度变化量 Δv，也就是 $v-v_0$，我们假设时间的变化 Δt 是从 $t=0$ 时刻开始的，所以，就不用 Δt 而直接使用 t 表示时间的变化量，加速度 a 用式（1）$a=(v-v_0)/t$ 表示。

② 速度－时间曲线中的速度 v 就是在初速度 v_0 的基础上加上图 1 中的长方形（a）面积 at。其用算式方法表示的速度 v 就是式（2）$v=v_0+at$。

③ 距离－时间曲线就是两个面积 s_1 和 s_2 的累加，以初速度 v_0 运动 t 秒的距离 s_1 是图 2 中的长方形（b）的面积，以加速度 a 运动 t 秒的距离 s_2 是图 2 中的三角形（c）的面积。由此而得表示距离 s 的式（3）$s=v_0t+\frac{1}{2}at^2$。

这时，因为距离 s 是图 2 速度 - 时间曲线的整个面积，所以不用分开求解 s_1 和 s_2，只需求解出梯形的面积就可以了。若是能用匀变速度 a 表示时间 t，则梯形面积就能用 v_0、v、a 来表示。这样就求解出距离 s 的式（4）$v^2-v_0^2=2as$。

上述所求解得到的式（1）～式（4）都是匀变速运动的计算公式。

匀变速运动的图与公式

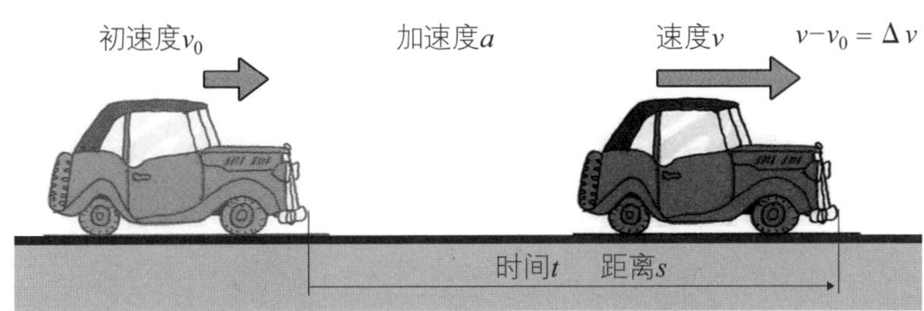

初速度v_0
加速度a
速度v
$v-v_0=\Delta v$
时间t　距离s

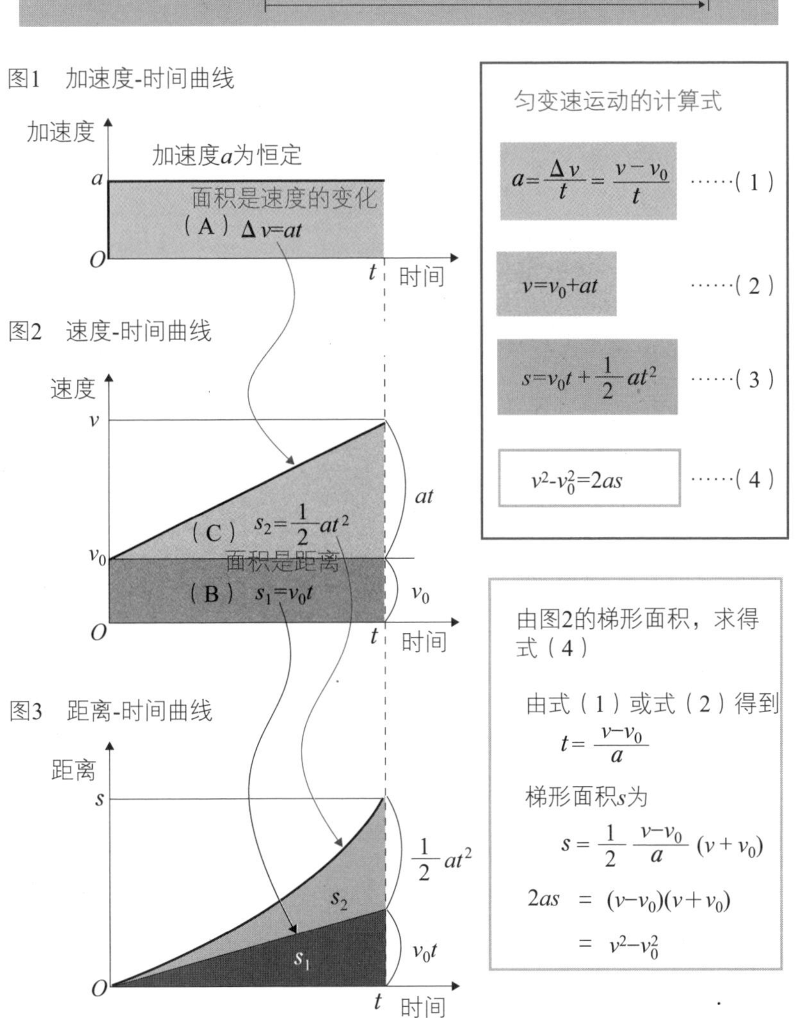

图1　加速度-时间曲线
加速度
加速度a为恒定
a
面积是速度的变化
（A）$\Delta v=at$
O
t 时间
图2　速度-时间曲线
速度
v
at
（C）$s_2=\frac{1}{2}at^2$
v_0
面积是距离
（B）$s_1=v_0t$
v_0
O
t 时间
图3　距离-时间曲线
距离
s
$\frac{1}{2}at^2$
s_2
s_1
v_0t
O
t 时间
匀变速运动的计算式
$a=\frac{\Delta v}{t}=\frac{v-v_0}{t}$ ……（1）
$v=v_0+at$ ……（2）
$s=v_0t+\frac{1}{2}at^2$ ……（3）
$v^2-v_0^2=2as$ ……（4）
由图2的梯形面积，求得式（4）
由式（1）或式（2）得到
$t=\frac{v-v_0}{a}$
梯形面积s为
$s=\frac{1}{2}\frac{v-v_0}{a}(v+v_0)$
$2as=(v-v_0)(v+v_0)$
$=v^2-v_0^2$

2-8 匀变速运动的计算例 1——用公式求解

现在以 2-6 节的汽车为例来说明怎样使用 2-7 节的匀变速运动的计算公式来求解问题。我们要求解的是出发后 5s 的加速度和行驶距离以及停止前 6s 的加速度和行驶距离。

解题要点

• 设出发后 5s 行驶的区间为 1、停止前 6s 行驶的区间为 2；

• 设各自区间的加速度分别为 a_1 和 a_2，行驶距离分别为 s_1 和 s_2；

• 将恒定的速度 40km/h 换算成 40/3.6 m/s，进行计算。

首先，求解各区间的加速度，利用这个加速度来求解行驶距离，如图所示。

① 加速度用公式（1）$a=\Delta v/t$ 来求解，得到 $a_1\approx 2.2\text{m/s}^2$，$a_2\approx -1.9\text{m/s}^2$。因为 a_2 是减速，所以前面带有负号（−）。

② 距离是利用步骤①求出的加速度由式（2）$s=v_0t+0.5at^2$ 来计算，求解后得到 $s_1\approx 27.5\text{m}$，$s_2\approx 32.5\text{m}$。因为 s_1 计算式的初速度 v_0 为零，则第 1 项能去除。s_2 计算式中的初速度就是减速前的速度。

计算所用数值和结果都是按四舍五入去除小数点后第 2 位数字，形成小数点后只有 1 位的近似值。这样的计算看起来似乎没有多大问题，但形成近似值的计算并不表示真实的数值。

如果，以 Δv 代替公式（2）中的 at，用不含近似值的公式（3）$s=v_0t+0.5\Delta vt$ 来进行计算，圆整最后的计算值，求得的行驶距离为 $s_1\approx 27.8\text{m}$，$s_2\approx 33.3\text{m}$，我们看到其结果与式（2）不同。

这是因为没有限定求解条件造成的，是由数值处理的方法产生的可允许的误差。

例题

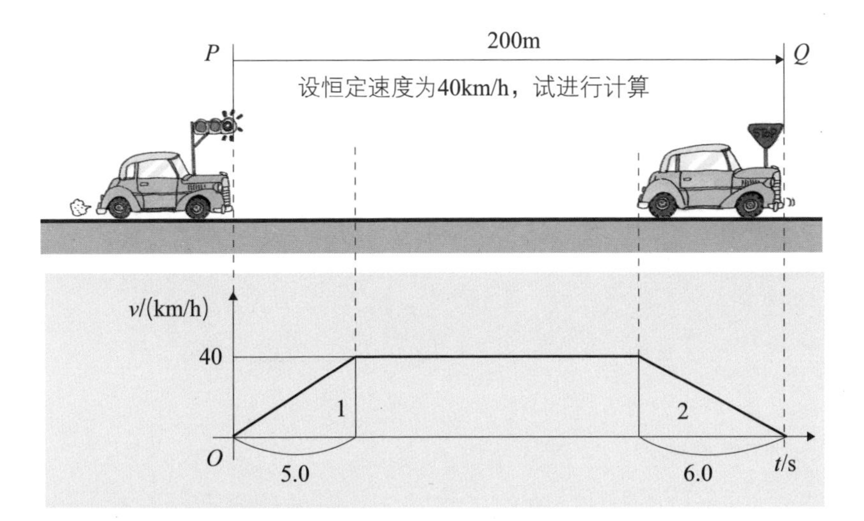

将恒定速度40km/h换算成m/s

$v=\frac{40}{3.6}\approx 11.1(\text{m/s})$　　用v=40/3.6进行计算，得到近似值

① 加速度

$$a=\frac{\Delta v}{t} \quad \cdots\cdots(1)$$

$a_1=\frac{40}{3.6}\times\frac{1}{5.0}\approx 2.2(\text{m/s}^2)$　　$a_2=\frac{-40}{3.6}\times\frac{1}{6.0}\fallingdotseq -1.9(\text{m/s}^2)$

负号表示减速

② 用加速度求解距离

$$s=v_0t+\frac{1}{2}at^2 \quad \cdots\cdots(2)$$

$s_1=\frac{1}{2}\times 2.2\times 5.0^2=27.5(\text{m})$

使用近似值

$s_2=\frac{40}{3.6}\times 6.0+\frac{1}{2}\times(-1.9)\times 6.0^2\approx 32.5(\text{m})$

使用近似值

③ 在计算的过程中不使用近似值，用速度变化求解距离

$$s=v_0t+\frac{1}{2}\Delta vt \quad \cdots\cdots(3)$$

※在式（2）中，设$at=\Delta v$

$s_1=\frac{1}{2}\times\frac{40}{3.6}\times 5.0\approx 27.8(\text{m})$　　$s_2=\frac{40}{3.6}\times 6.0+\frac{1}{2}\times\frac{-40}{3.6}\times 6.0\approx 33.3(\text{m})$

②和③的结果不同在于近似值的使用方法不同

2-9 匀变速运动的计算例 2——用图形求解

直到 2-8 节，我们解释说明了匀速运动和匀变速运动的基本内容。现在从总结的角度来求解下面的试题。

例题

以 1m/s 进行匀速直线运动的物体，在通过 P 点 4s 之后，以 $1m/s^2$ 的匀变速运动行进了 6s，然后，再以 $2m/s^2$ 的匀变速运动行进了 4s 并通过了 Q 点。

① 请求出物体经过 Q 点的速度。

② 请求出从 P 点到 Q 点的距离。

解题要点

看到例题后，先不要急于求解，先尝试描绘出简单的曲线。通常情况下，你会发现右面所示的速度 - 时间曲线非常好用。速度 v_1、v_2 的变量名可以自由地设定，只是按照传统的会容易接受。

（1）求物体经过 Q 点的速度

由曲线可见，v_1 可用式（1）、v_2 可用式（2）立刻就能求出。在匀变速运动的公式中，与本题相关的是 $v=v_0+at$。因此，由式（2）求得的 15m/s 就是所求的答案。

（2）求从 P 点到 Q 点的距离

在速度 - 时间曲线中，被包围的面积表示移动的距离。①区域的长方形面积是匀速直线运动部分移动的距离，②区域的面积是以 $1m/s^2$ 的加速度移动的距离，③区域的面积是最后的区间距离。②和③区域的面积可以用梯形面积求出。最后，在式（3）中将①、②、③区域相加，求得的面积总值就是从 P 点到 Q 点的移动距离。

绘制图形（曲线）

速度−时间曲线

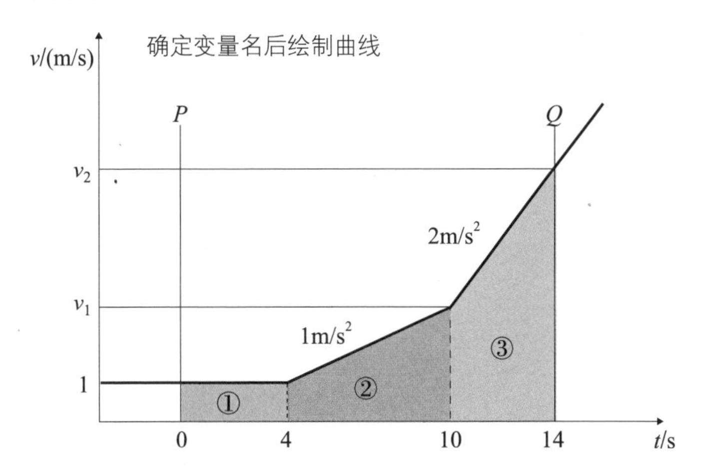

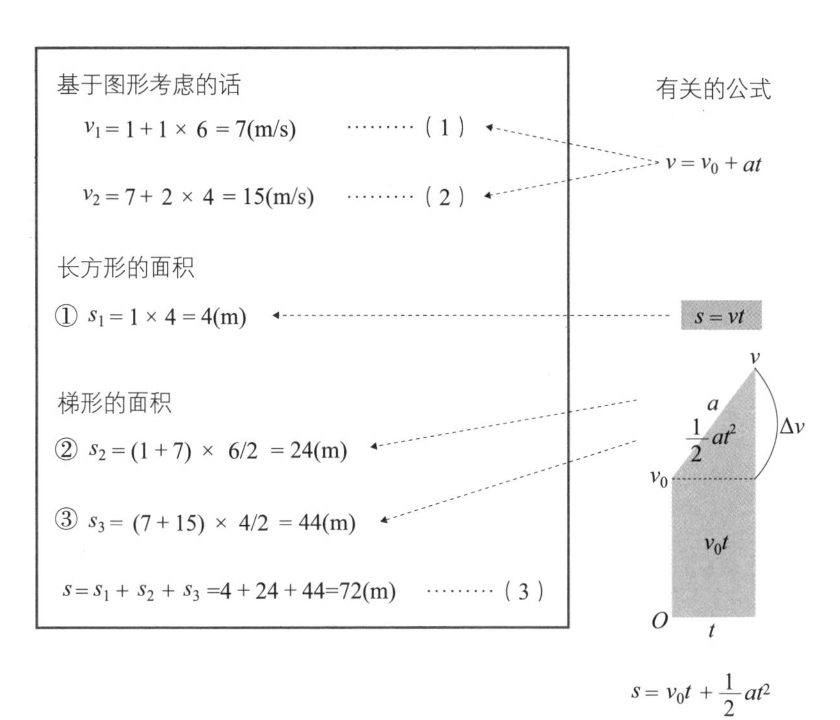

2-10 重力引发的竖直向下的运动——自由落体

一旦松开手上的球，球就会竖直向下坠落。这是在地球上任何地方都会发生的现象。在力学上，从“最自然而又自由的运动”的角度，称其为**自由落体**。实际上这是地球与球之间的相互吸引作用的结果，但是我们只看到了地球吸引了球。同一地点，球下落的加速度都一样，将这种加速度称为**重力加速度**。

那么，重力加速度到底是多少呢？在理科课程中，你也许做过如图 1 所示的使重物坠落的实验，测量相同时间间隔内重物坠落的距离。在这里用坠落下的距离描绘出距离 - 时间曲线（见①所示）。从①的图形中，求解每个时间段的平均速度，绘制出速度 - 时间曲线（见②所示）。进而，从②的图形中，求解每个时间段的速度变化量，就得到了加速度。因此，能够绘制出加速度 - 时间曲线（见③所示）。理想的重力加速度是定值，这就是 g，通常取 9.8 m/s^2。

图 2 归纳了自由落体运动中所用到的公式。由于自由落体运动是匀变速运动，因此可以在 2-7 节的匀变速运动的公式中，将加速度 a 用重力加速度 g 替换，距离 s 用高度 h 替换，取初速度 $v_0=0$。

图 2 中式（1）$v=gt$ 和式（2）$h=\frac{1}{2}gt^2$ 都是以时间作为横轴而描绘的曲线，与此相关联似乎容易记住。式（3）$v^2=2gh$ 和 $v=\sqrt{2gh}$ 因都不涉及时间变量，无法从图形中直接求出。式（3）与用梯形面积求解 2-7 节的速度 - 时间曲线所得到的公式相对应。将式（1）变换成求解 t 的表达式，将其代入式（2）中，就能求解出结果。

图 1　自由落体运动的图形

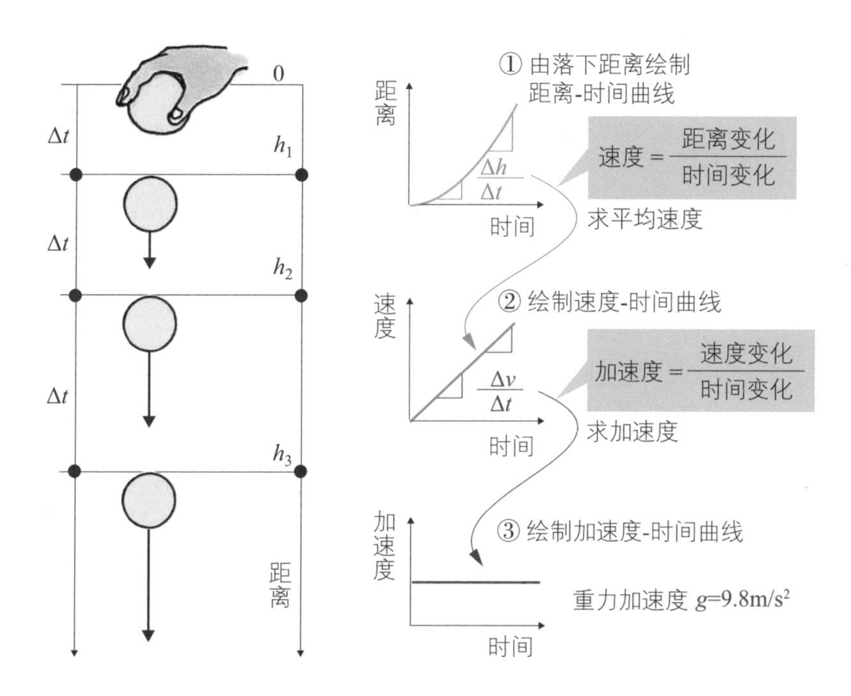

图 2　自由落体运动的公式

在匀变速运动的公式中，将加速度a用重力加速度g替换，距离s用高度h替换，取初速度v_0=0

$$v = gt \quad \cdots(1)$$

$$h = \frac{1}{2}gt^2 \quad \cdots(2)$$

$$v^2 = 2gh$$

$$v = \sqrt{2gh} \quad \cdots(3)$$

重力加速度
g=9.8 m/s²

式（3）是将式（1）变换为

$$t = \frac{v}{g} \quad \cdots(1')$$

将式（1′）代入式（2）中，替换式中的t

$$h = \frac{1}{2}gt^2 = \frac{1}{2}g\frac{v^2}{g^2} = \frac{v^2}{2g}$$

$$v^2 = 2gh$$

公式变形后，得：

$$v = \sqrt{2gh}$$

2-11 球的向上抛投与向下抛投——竖直方向上的加速运动

试想一下，用力竖直向下抛投球见图 1，这种运动就是在 2-7 节的匀变速运动公式中，将加速度 a 用重力加速度 g 替换，距离 s 用高度 h 替换，具有初速度 v_0 的竖直向下的运动。图 1 中式（1）~ 式（3）就变成了**竖直向下抛投**的公式。

图 2 是与图 1 相反的，以初速度 v_0 竖直向上抛投球。如果设向上为正的话，由于重力加速度是向下的，而向上抛投时，球的运动方向与重力加速度的作用方向相反。也就是说，重力加速度取负值，因此，将图 1 中的式（1）~ 式（3）的 g 替换为 $-g$，就成为了**竖直向上抛投**的公式。

在球的向下抛投过程中，球直到与地面或障碍物碰撞为止所进行的都是向下的连续匀变速运动。但是，对于球的向上抛投过程，竖直向上抛投出的球在到达顶点之后，就变为了向下的自由落体运动。

那样的话，我们不能认为“向上抛投之后直到顶点都用向上抛投的公式，顶点之后使用自由落体的公式”。虽然没有错误，但是图 2 所示的向上抛投公式（1）$v=v_0-gt$ 中的第 2 项 gt 增加，速度 v 在顶点等于零，之后才呈现出负值。这就成了自由落体中的向下的速度。公式（2）$h=v_0-\frac{1}{2}gt^2$ 中，随着第 2 项 $\frac{1}{2}gt^2$ 的增加，h 的增加分量逐渐减小。h 在顶点取得最大值，之后，因自由落体运动而减小。如果持续进行这种运动的话，h 就呈现出负值。这意味着现有的高度低于当初向上抛投球时的高度。

图 1　竖直向下抛投的公式

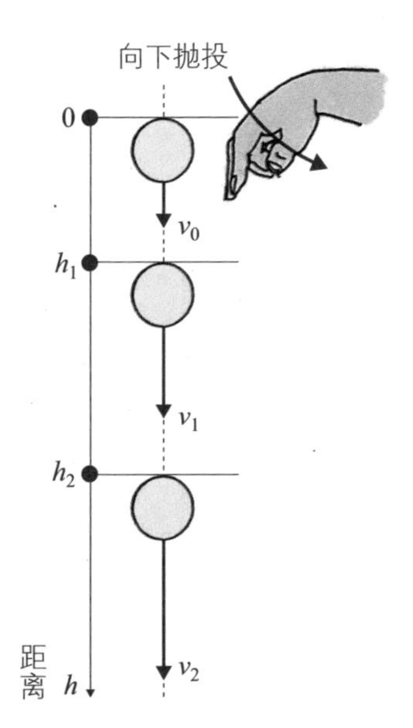

在匀变速运动的公式中，将加速度a用重力加速度g替换，距离s用高度h替换

$$v = v_0 + gt \quad \cdots(1)$$

$$h = v_0 t + \frac{1}{2} gt^2 \quad \cdots(2)$$

$$v^2 - v_0^2 = 2gh \quad \cdots(3)$$

图 2　竖直向上抛投的公式

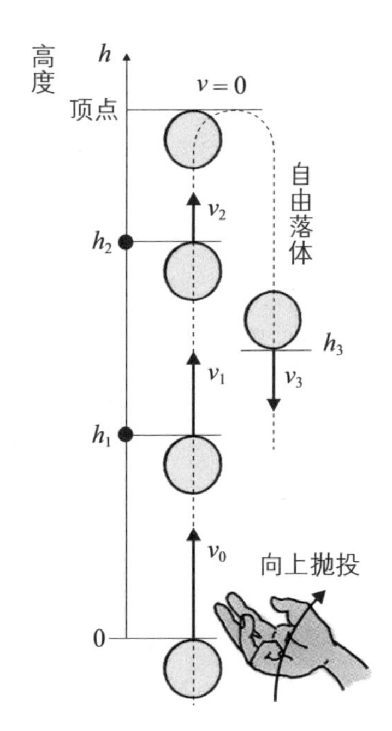

重力加速度与初速度的方向相反，则取$-g$

通过顶点后的自由落体运动，也能使用下面的公式

$$v = v_0 - gt \quad \cdots(1)$$

$$h = v_0 t - \frac{1}{2} gt^2 \quad \cdots(2)$$

$$v^2 - v_0^2 = -2gh \quad \cdots(3)$$

2-12 向上抛投与向下抛投的例题——数值计算的例子

下面给出使用2-11节的向下抛投及向上抛投的公式来求解的例题。不过，重力加速度 g 设为 10 m/s^2。

例题 1

如图1所示，在3层楼高处（高度为12m），以初速度8.0m/s竖直向下方抛出球。求解：①球到达地面的时间；②此时的速度。

解题要点

在这个例题的条件中，式（1）$v=v_0+gt$ 中的 t 和 v 都是未知数。式（2）$h=v_0+0.5gt^2$ 中，虽然只有 t 是未知数，但因公式中出现的是 t 的二次幂而变得有些复杂。式（3）$v^2-v_0^2=2gh$ 的未知数只有 v。因而，先用式（3）来求解速度 v，将求解得出的答案代入式（1）中，从而求解出时间 t。需要注意式（3）和式（1）的形式变换。若使用计算器来求解平方根就很简单了，当然，即使没有计算器也可以用笔算开方的方法，在2-13节中我们将具体说明。

例题 2

如图2所示，以14 m/s的初速度竖直向上抛投球，求解：①顶点的高度；②到达顶点所用的时间；③向上抛投2s后的速度；④向上抛投2s后的高度。

解题要点

在向上抛投的运动中，顶点的速度 v 等于0。①顶点高度的求解中最好的方法是使用公式（3）$v^2-v_0^2=-2gh$ 的变换。②所用时间的求解：将式（1）$v=v_0-gt$ 变换成求解 t 的形式进行计算。③速度的求解：在式（1）中，代入初速度 v_0 和时间 t 来计算。④高度的求解：用式（2）$h=v_0-\frac{1}{2}gt^2$ 与式（3）都可以。在本例题中的计算采用了式（3）的变换形式。

图 1　例题 1 的解题方法

竖直向下抛投的公式

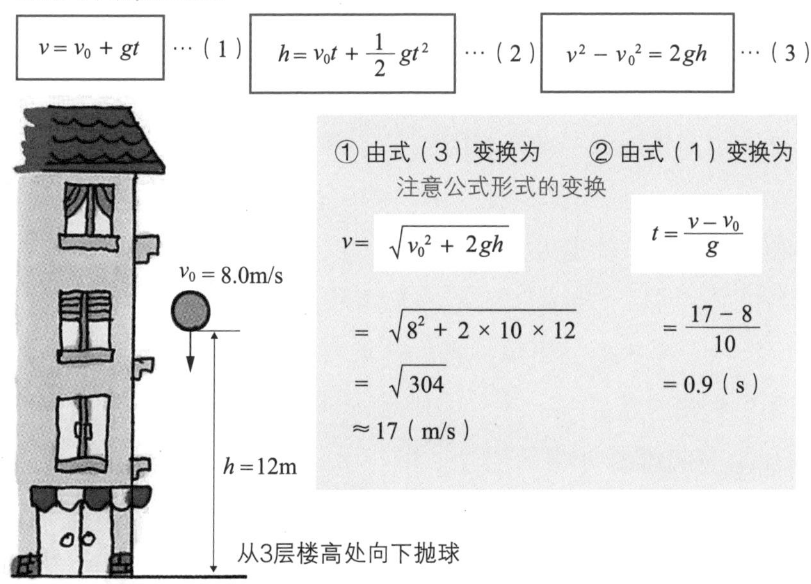

图 2　例题 2 的解题方法

竖直向上抛投的公式

$v = v_0 - gt$ …（1）　$h = v_0 t - \frac{1}{2} gt^2$ …（2）　$v^2 - v_0^2 = -2gh$ …（3）

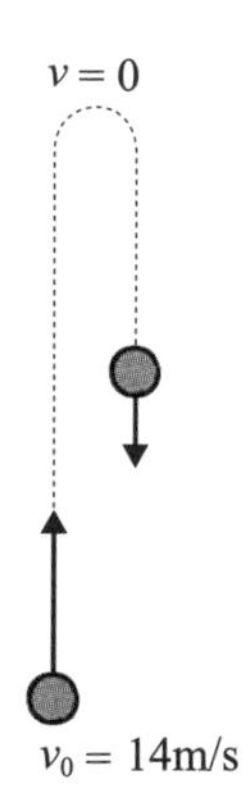

① 由式（3）变换为

$h = -\frac{v^2 - v_0^2}{2g}$　注意公式形式的变换

$= -\frac{0^2 - 14^2}{2 \times 10}$

$= 9.8$（m）

② 由式（1）变换为

$t = \frac{v_0 - v}{g}$

$= \frac{14}{10}$

$= 1.4$（s）

③ 由式（1）变换为

$v = v_0 - gt$

$= 14 - 10 \times 2$

$= -6$（m/s）

－（负号）代表向下的坠落速度

④ 由式（3）变换为

$h = -\frac{v^2 - v_0^2}{2g} = -\frac{(-6)^2 - 14^2}{2 \times 10} = 8$（m）

③和④是通过顶点后的自由落体运动

2-13 手算开根号——开平方法

在现在的教学课程中，已经不再讲手算开平方了，但是，本节介绍具有玩拼图感觉的手算求解平方根的方法，即开平方法。记住这个方法，也许能在意想不到的地方起作用。我们以 2-12 节速度的计算中，求解 304 的平方根为例来说明开平方法。

右图是整个计算的过程，看起来似乎很麻烦？其实中间过程简单，实际着手计算一下要比想象简单许多。计算可以分为 A（主运算）和 B（副运算）两个模块进行。

① 开始前的准备。将数值 304 以小数点为起点，将其整数部分和小数部分分别以 2 位数为一组进行分隔。因 304 是整数，则在其后面添加“.0000”来表示小数部分。

② 在 A 和 B 的○中，都放入乘以 2 后小于“3”的最大的数。此时的数是“1”，这就是所求根的最大位数，即十位的数值。

③ B 是用加法得到的 $1+1=2$；A 是从 3 中减去（1×1）得到的 $3-(1\times1)=2$。

④ A 的下一组 2 位数“04”填到“2”的侧旁，成为“204”。

⑤ 在 A 和 B 的□中，放入 2□ × □后小于“204”的最大的数。此时的数是“7”，这就是所求根的个位的数值。

然后，回到计算步骤③，用加法得到 B 为 $27+7=34$，从 204 中减去（27×7）得到 A，A 为 $204-189=15$。

再之后，进行计算步骤④。重复上述计算步骤，直到求解到小数点后的 2 组数。只求解到小数点后 2 位是因为求解小数点后过多的位数从数值的角度上来说没有意义了。

以 2 位为一组进行的分隔○、□和△中，可放入从 0~9 的 1 位数字。开平方这个方法习惯之后就能找到拼图的感觉了。

手算开平方

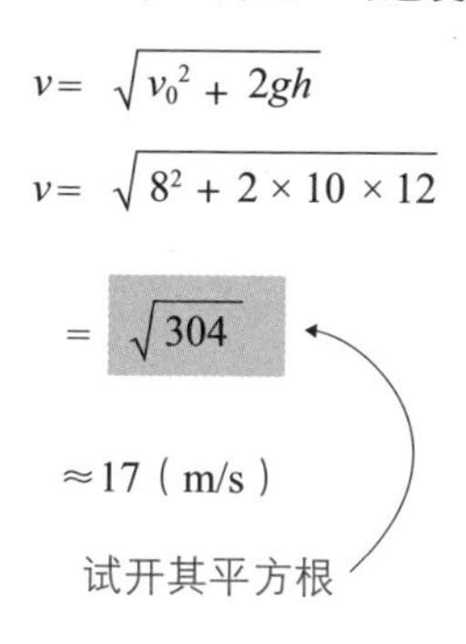

平方根法的整个过程

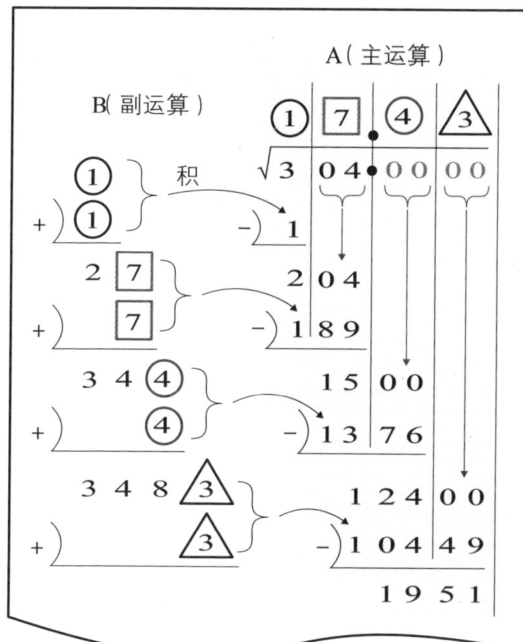

开平方的步骤

① 以小数点为中心，分别以2位数为一组分隔

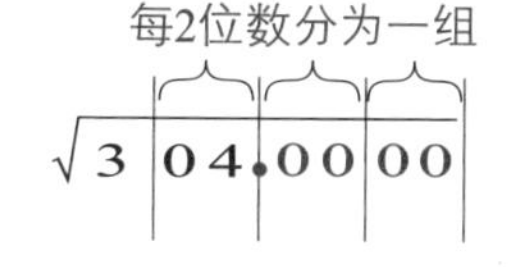

② 寻找○的数平方后小于3的最大的数

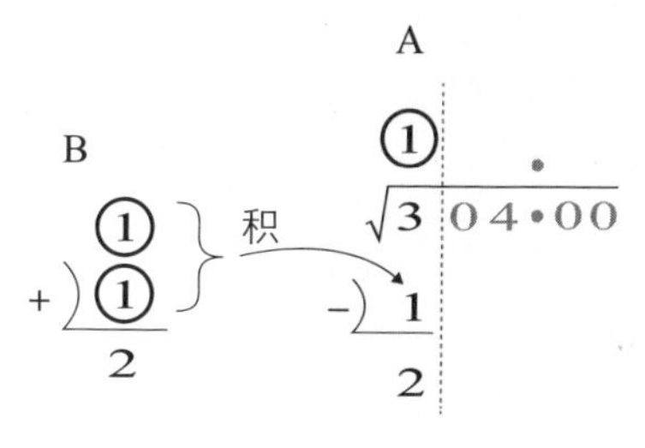

③ B等于1+1，A等于3减去（1×1）

④ 填入A的下一组的2位数

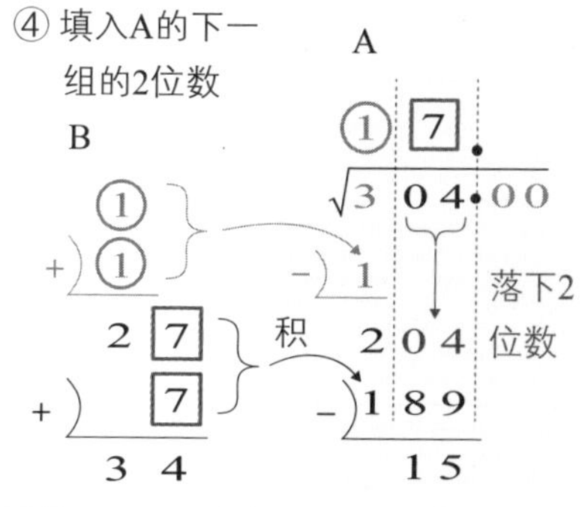

⑤ 寻找2□×□后小于204的最大的数

2-14 向斜上方抛投的球会如何运动？——斜抛运动

在稍微离开一些距离进行投接球时，考虑到球因重力坠落的高度，稍微向上抛投球会好些。在力学上称为斜向抛投运动。

如图 1 所示，将球向斜上方抛投的话，描绘出球的运动轨迹是抛物线。设向上的角度为仰角 θ，想象一下以初速度 v_0 抛出的物体（球）会进行什么样的运动。假设物体的运动不受空气等阻力的影响。

解题的必要规则是将倾斜运动分解为水平方向和竖直方向进行考虑。于是，水平方向就是匀速运动，竖直方向就是竖直向上的抛投运动。

通过图 2，我们想想斜向抛投运动的计算公式。

① 开始将初速度 v_0 分解为式（1）水平方向的速度 $v_{0x}=v_0\cos\theta$ 和式（2）竖直方向的速度 $v_{0y}=v_0\sin\theta$。这是斜向抛投的要点。这里，出现了许多人都不擅长的三角函数，有 cos（余弦）和 sin（正弦）。2-15 节我们将对三角函数进行简单的说明，在这里请将它作为表示①中直角三角形的边长比值的一个记号，底边 / 斜边 $=\cos\theta$，高度 / 斜边 $=\sin\theta$。于是，我想就能够进行水平方向速度 v_{0x}［式（1）］和竖直方向速度 v_{0y}［式（2）］的变换了。

② 在水平方向，由于没有妨碍运动的阻力，因此作初速度 v_{0x} 的匀速直线运动，能够使用式（3）$v_x=v_{0x}$ 和式（4）$x=v_{0x}t$。

③ 竖直方向是利用竖直向上抛投运动的公式，将 v_0 替换为 v_{0y}，得到式（5）$v_y=v_{0y}-gt$、式（6）$y=v_{0y}t-\frac{1}{2}gt^2$ 及式（7）$v_y^2-v_{0y}^2=-2gy$。

图 1　斜向抛投的球的运动

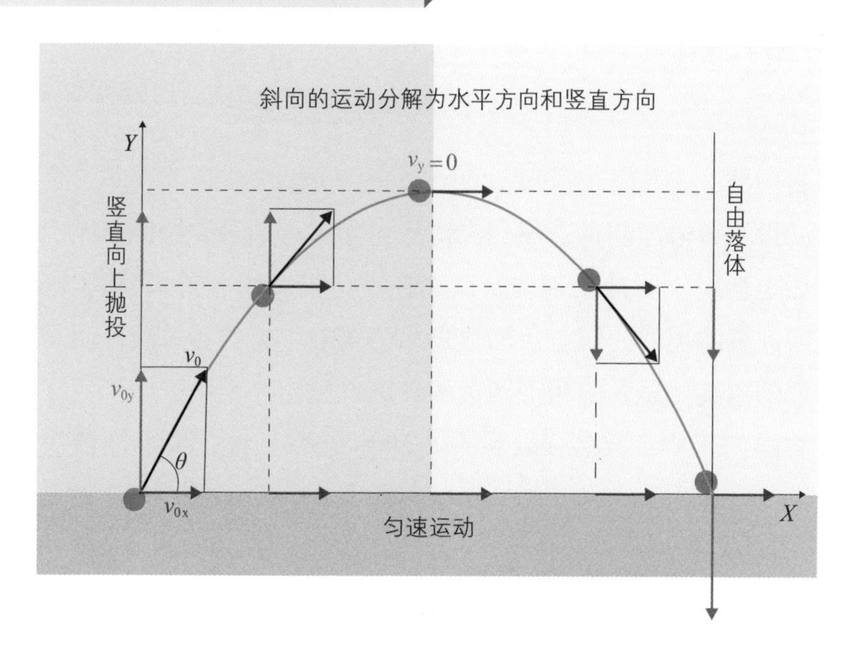

图 2　斜向抛投的公式

① 以仰角θ的初速度v_0分解为水平方向速度v_{0x}和竖直方向速度v_{0y}

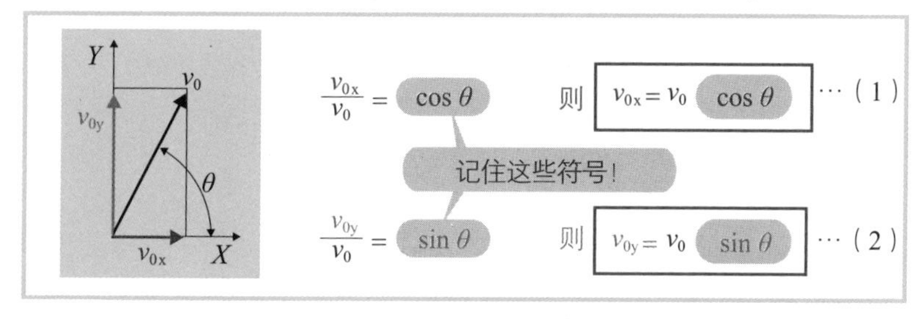

$\frac{v_{0x}}{v_0} = \cos\theta$　则　$v_{0x} = v_0 \cos\theta$ …（1）

$\frac{v_{0y}}{v_0} = \sin\theta$　则　$v_{0y} = v_0 \sin\theta$ …（2）

② 水平方向是匀速直线运动

$v_x = v_{0x}$ …（3）

$x = v_{0x}t$ …（4）

③ 竖直方向是竖直向上的抛投运动

$v_y = v_{0y} - gt$ …（5）

$y = v_{0y}t - \frac{1}{2}gt^2$ …（6）

$v_y^2 - v_{0y}^2 = -2gy$ …（7）

2-15 无法避免的三角函数——三角函数的基础

在 2-14 节的速度分解过程中出现了三角函数 cosθ 与 sinθ。我个人认为这个三角函数可能就是造成大家认为力学太难的最大原因。因为三角函数在今后也会时不时地出现，所以，在这里先介绍三角函数的基础知识。而其他因计算的需要使用三角函数专用公式时，再进行单独说明。

三角函数是将直角三角形两边的长度之比用一个角度的函数来表示。

在右图的①中，半径 a=1 的圆称为单位圆。将 a 从水平轴逆时针旋转 θ 角度时，设水平方向（投影）长度为 c，竖直方向（投影）长度为 b，则各自的边长比分别是 sinθ =b/a、cosθ=c/a、tanθ（正切）=b/c，即它们取决于两两边长的比。三个三角函数之间有 tanθ=sinθ/ cosθ 关系存在。如右图所示，以前是将英文小写的手写字体重叠在三角形上，以记住 sin、cos、tan 的各边的。但近年不再要求学习英文的手写字体，所以当你看到 sin 中“s”（指手写体的字母）的形状时可能会没认出来。

相信这之前你都没有什么问题，但如右图中②所示，θ 的位置发生变化的场合需要留心注意。sin 是从 θ 出来转弯走向直角，cos 是夹着 θ 走向直角，tan 是从 θ 出来后在直角处转弯，这样是否好记一些呢?

右图中③表示的是最常见的 2 个一组的直角三角形的边长比，用表格的形式表示从 0°～90° 的三角函数值。因为 tan90° 等于 0，在除法中不能使用。

理解三角函数的要点是开始描绘图形时，就要明确你所考虑的边是处在三角形中的哪一个位置。

三角函数的重点

① 三角函数的基础和记法

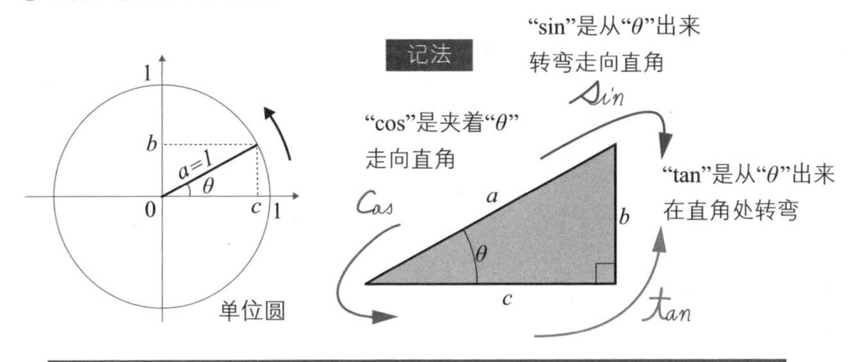

$$\sin\theta = \frac{b}{a} \qquad \cos\theta = \frac{c}{a} \qquad \tan\theta = \frac{b}{c} \qquad \tan\theta = \frac{\sin\theta}{\cos\theta}$$

② 要注意θ的位置

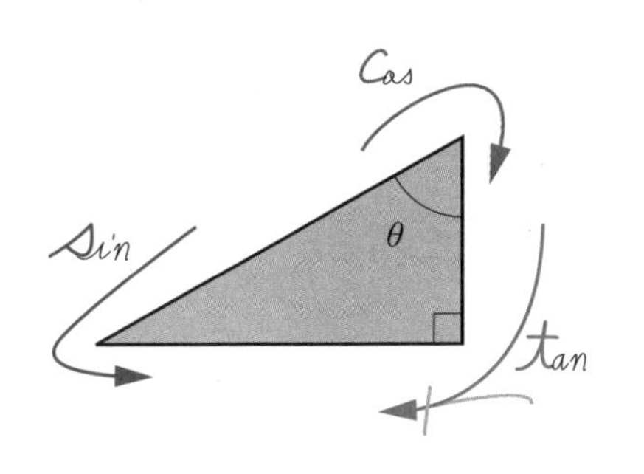

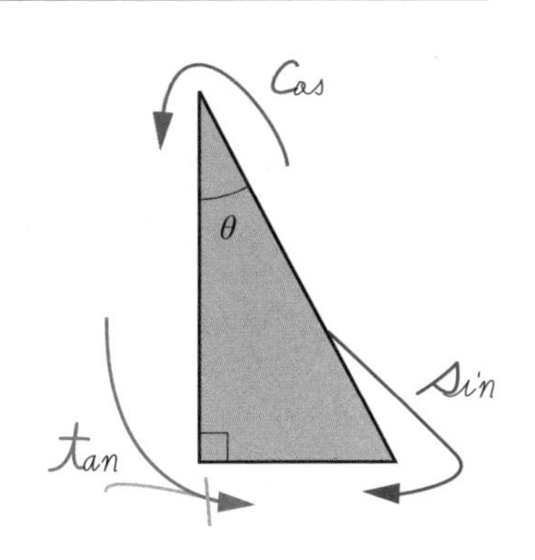

③ 常见三角形的边长比

θ	sin θ	cos θ	tan θ
0°	0/1	1/1	0/1
30°	1/2	$\sqrt{3}/2$	$1/\sqrt{3}$
45°	$1/\sqrt{2}$	$1/\sqrt{2}$	1/1
60°	$\sqrt{3}/2$	1/2	$\sqrt{3}/1$
90°	1/1	0/1	不存在

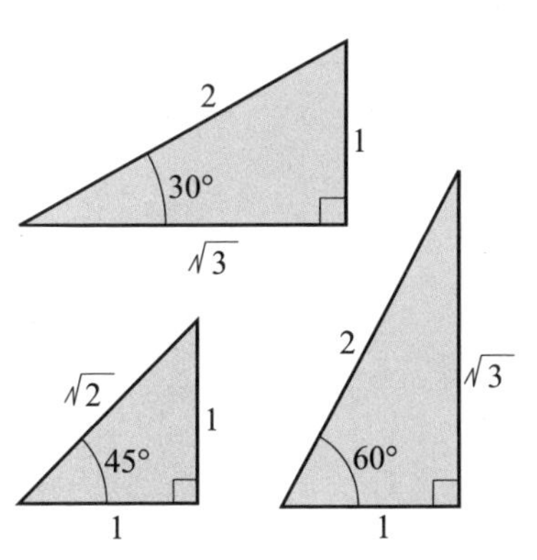

2-16 投球达到最远的角度是仰角 45°——斜向抛投的例题

你可能听说过，在不受空气等阻碍的条件下，在向远方投球时，使球能飞到最远的角度（仰角）是 45°。想一想如何利用斜向抛投公式来证实这一说法。

① 如右图中的①所示，设投球点为 O 点，球落地点为 P 点，且两点在同一平面内。其他的必要条件如下：初速度为 v_0、仰角为 θ、高度为 h、水平飞行距离为 s。将初速度分解为水平方向速度 v_{0x} 和竖直方向速度 v_{0y}。

② 由 2-14 节的斜向抛投计算式中的式（4）$x=v_{0x}t$ 和式（6）$y=v_{0y}-1/2gt^2$，得到求解水平飞行距离的式（1）$s=v_0t\cos\theta$ 与求解高度的式（2）$h=v_0t\sin\theta-\frac{1}{2}gt^2$。

③ 在落地点 P，球的高度 h 等于零。于是，式（2）中的 h 等于 0，得到了球飞行时间 t 的式（3）$t=2v_0\sin\theta/g$。

④ 将在③求解到的时间 t 代入式（1）中，得到最大飞行距离的式（4）$s=v_0^2\sin2\theta/g$。

⑤ 因为式（4）中的 s 取得最大值时要求 $\sin2\theta=1$，则 $2\theta=90°$，也就是说 $\theta=45°$ 是 s 获得最大值的仰角。

在这一解题方法中，步骤④中，式（1）代入了 t 后变换形式得到式（4）时，使用了一个三角函数特有的公式，即倍角公式。倍角公式是指 2 个三角函数 $\cos\theta$ 和 $\sin\theta$ 相乘时，可变换为只含有 $\sin\theta$ 函数的公式，方便之处是将 2 个未知数或变量归纳成了 1 个未知数或变量。

仰角 45° 可达最大距离

① 求球能飞到最远距离的仰角

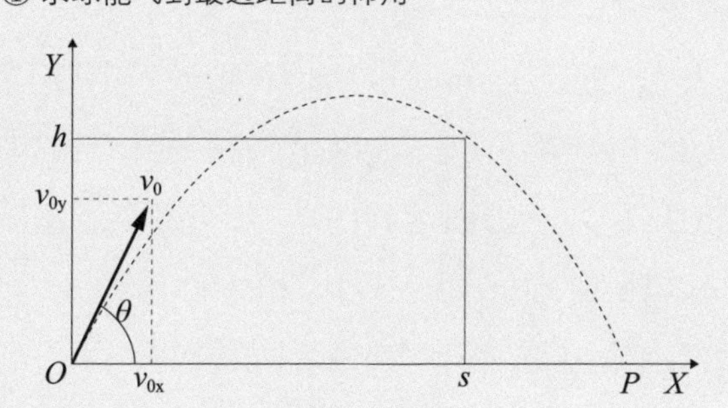

初速度v_0

仰角θ

高度h

水平到达距离s

$v_{0x} = v_0 \cos\theta$

$v_{0y} = v_0 \sin\theta$

② 求水平飞行距离和高度

$$s = v_0 t \cos\theta \quad \cdots (1)$$

$$h = v_0 t \sin\theta - \frac{1}{2} g t^2 \quad \cdots (2)$$

③ 求球的飞行时间

因为落地点P的高度h=0，由式（2）得

$$0 = v_0 t \sin\theta - \frac{1}{2} g t^2$$

$$= v_0 \sin\theta - \frac{1}{2} g t$$

$$t = \frac{2 v_0 \sin\theta}{g} \quad \cdots (3)$$

球的飞行时间

④ 求最大飞行距离

将式（3）代入式（1）中

$$s = v_0 \cos\theta \frac{2 v_0 \sin\theta}{g}$$

$$= \frac{v_0^2 \sin 2\theta}{g} \quad \cdots (4)$$

因为式中有“sin”和“cos”，所以使用倍角公式，变换成只含有“sin”的公式

倍角公式

$\sin 2\theta = 2\sin\theta\cos\theta$

⑤由式（4）求仰角

$\sin 2\theta$=1时，s达最大，则

2θ=90°

θ=45°

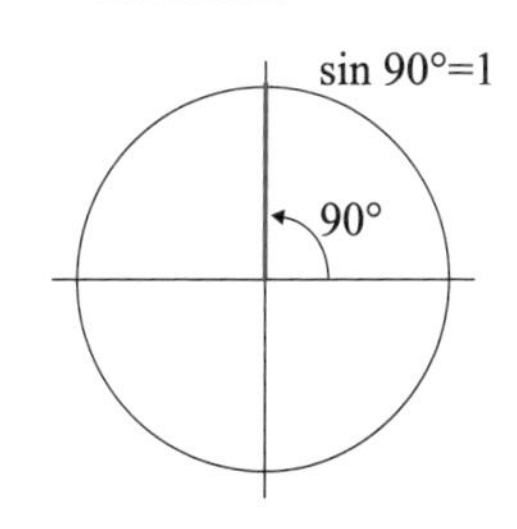

2-17 过山车的速度——斜面上的运动

在游乐园中具有超级人气的过山车，虽然是利用动力上升到顶点，但之后是依靠重力以惊心动魄的速度行驶，让乘坐者感到身心愉快！

轨道与地面之间的夹角越大、斜面越陡的地方，速度就越快，就更能满足乘坐者的冒险心理和恐惧心理。

心理方面的先放一边，从主题的角度出发，如果是体验过的人，都知道轨道的角度越大越陡，行驶的速度就越快。那么，若要求你以本书到目前为止的内容为依据，解释“角度越大越陡、行驶速度越快”的理由，你会如何说明呢？

虽然很想听一听大家的说明，但书籍里是无法做到的。我在右边中给出了关键点。因为只是补充了简单的关键点，所以，希望大家能仔细想一想细节问题。

在右图的①中，分解了重力加速度 g，试求沿着斜面方向的加速度 a。那为什么不需要考虑与斜面成直角的方向呢？这是因为运动只沿着斜面的方向进行。

右图的①中所示的斜面角度大，分解 g 时，可能有人不知道如何确定 θ 的位置。这种时候，如右图的②所示那样，最好是描绘出清晰明确的图。

大家期待的说明由右图中的③和④的计算式可知，θ 角度越大，$\sin\theta$ 的值也越大，则运动的速度会越来越快。

顺便说一下，右图中的⑤与速度的说明无关，它是求解斜面上前进距离的方法。

过山车下降时的运动

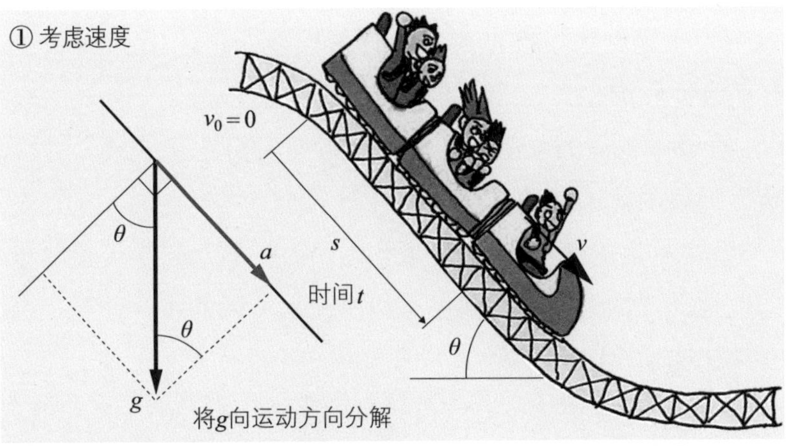

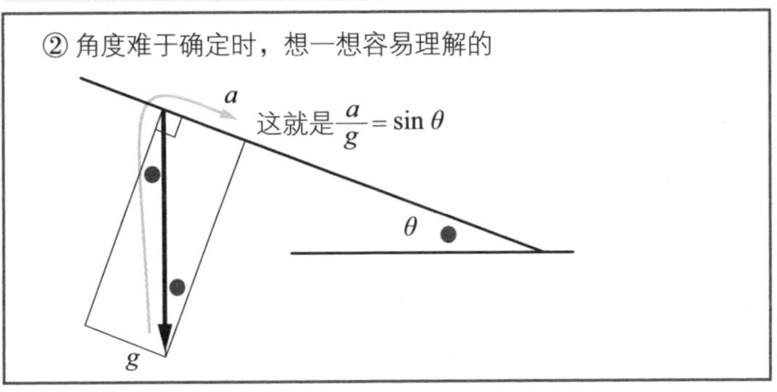

③ 求解滑落的加速度

$$\frac{a}{g}=\sin\theta \quad \cdots(1)$$

$$a=g\sin\theta \quad \cdots(2)$$

④ 从加速度求解滑动速度

$$v=at \quad \cdots(3)$$

$$=gt\sin\theta \quad \cdots(4)$$

⑤ 这就是在斜面上前进的距离

$$s=\frac{1}{2}at^2 \quad \cdots(5) \quad 或者 s=\frac{1}{2}vt \cdots(5')$$

$$=\frac{1}{2}gt^2\sin\theta \quad \cdots(6)$$

身体能够感觉到的速度是多少?

在本书中也提到为了要从感觉上理解速度，记住 1m/s 等于 3.6km/h 的换算比例会比较方便。这个值是:

• 风力等级中，风力 1 级（0.3 ~ 1.5m/s）相应于“风向可根据烟的飘动确定，但风向标不转动”。

• 我们日常行走的速度通常是 4km/h，因此，1m/s 是轻松散步状态的速度。即使是同样的行走速度，但房地产交易所说的步行速度是由房地产销售的有关法律规定的 80m/min=4.8km/h。

• 比我们步行速度稍快一些的自行车。虽然因自行车的类型有所区别，不过，可以轻松持续骑车的速度约为 15km/h=4.2m/s，若持续保持平均速度 20km/h=5.6m/s 就有些辛苦了。

• 在我们身边能够体验到惊心动魄的速度的例子就是日本山梨县富士急游乐园的“世界终极过山车 DODONPA”。官方发表的标准是出发 1.8s 后可达最高速度 172km/h=47.8m/s，最大加速度 4.25g（重力加速度的 4.25 倍）。

运动和力学的例子在我们的日常生活周围有很多。为了不错过任何机会，要习惯简单的单位换算。

No

Data

第 3 章

力与运动

力是物体运动的源泉。在这一章里，我们来讲讲力作用下的运动。日常生活中充满着与力和运动相关的例子，例如，地铁、汽车以及自行车等。让我们从力学的角度分析这些体验。

3-1 自然界的4种基本相互作用力——磁力引发的阻力

在第1章说明了“力能改变物体的形状和运动状态”，这是力作用于物体等产生的效果。然后，说明了物体的重力或重量是“地球和物体之间的相互作用，就是万有引力的大小”，这就是力的产生原因。

如图1中的①所示，在自然界中存在4种基本的相互作用力。包括前面提到的重力，所有的力都是相互作用的。现在，总结它们各自的概念。

电磁力是电场或磁场中的分子之间的吸引力和排斥力的相互作用而产生的分子间作用力。

弱核力（弱相互作用力）是比电磁力弱的相互作用力，它作用于原子核中的质子与中子，并具有将质子变换为中子的能力。

强核力（强相互作用力）是比电磁力强的相互作用力，是结合质子和中子形成原子核的作用力。

本书中所涉及的力是以重力和电磁力为基础的力。一说起电磁力，人们往往会认为它只与电气和磁场相关。图1中②所示的作用于放置在桌子上的书上的重力，产生了压向桌子的力，而桌子又产生了竖直支撑书的竖直抗力。那么，桌子为什么会产生抗力呢?

如图2中的①所示，桌子的分子是在电磁力产生的分子间作用力的作用下有规律地整齐排列。这时，如图2中的②所示，书一旦被放置在桌子上，重力就开始起作用，于是，桌子材料的分子排列次序就被打乱。然后，分子间作用力试图恢复分子的排列，这时的作用力就成为抗力。也就是说，抗力是试图恢复分子排列次序的电磁力的相互作用下产生的力。

图1　自然界的力

① 4种相互作用力

重力
　万有引力

电磁力
　分子间力

弱相互作用力
　将质子转换成中子

强相互作用力
　形成原子核

② 作用在桌子上书的重力

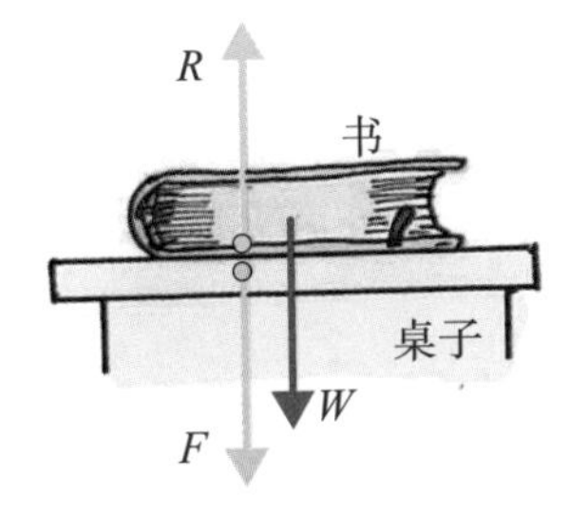

W:作用于书的重力（重量）
F:书施加给桌子的力
R:桌子施加给书的垂直抗力

图2　电磁力产生的抗力

① 电磁力产生的分子间作用力使构成桌子的分子有规律地整齐排列

② 受到力 F 的作用，产生了试图恢复已经混乱的分子排列的抗力

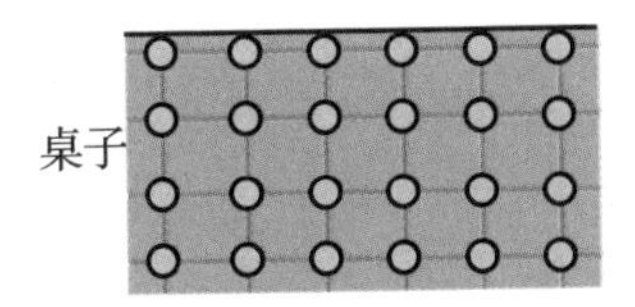

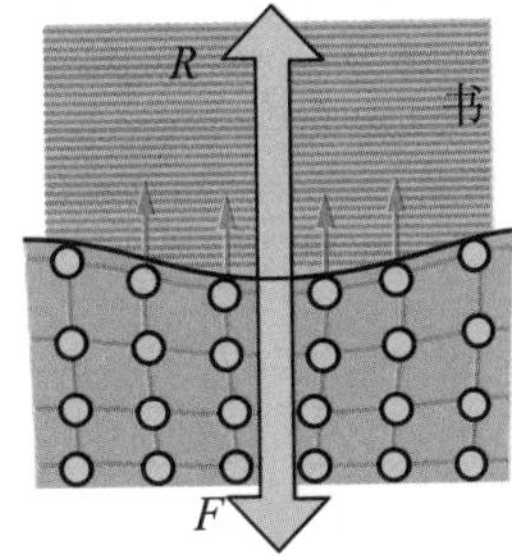

3-2 各种各样的力的作用方式——力的类型

在 3-1 节说明了自然界的四种基本相互作用力是按照力的起源进行分类的。右图归纳了我们实际体验的力的作用方式和本书后续介绍的力的例子。

① 所示的万有引力是两个相互分离的物体之间的作用力，称为非接触力。相对于非接触力，两个相互接触的物体之间的作用力称为接触力。

② 所示的是外部施加给物体的力，一般的情况下称为“力”，特殊需要的情况下称为“外力”。

③ 所示的天花板吊着的线绳牵引重物的力称为张力。图中所示的张力与地球吸引重物的重力平衡。

④ 所示的浮力是作用于物体的竖直向上的力，其大小与物体所排开的液体的重力相等。

⑤ 是表示轮胎旋转时如果使地面受到驱动力作用的话，则因摩擦力的作用，地面施加给轮胎与轮胎运动方向相反的反作用力。这种力就是使汽车前行的作用力。

⑥ 所示的弹性力是产生形变的弹性物体试图恢复原来形状所产生的力。力的大小取决于形变的大小。

⑦ 是表示握有重物的手以加速度 a 进行运动。相对来说，①~⑥都是在地球惯性系中的运动，而在地球惯性系中描述其他加速度运动的体系称为非惯性系。为了重物能在这一非惯性系中进行加速度运动，重物的惯性需要让重物具有与运动方向相反的力。这个力称为惯性力。

我们体验的各种各样的力

m= 质量

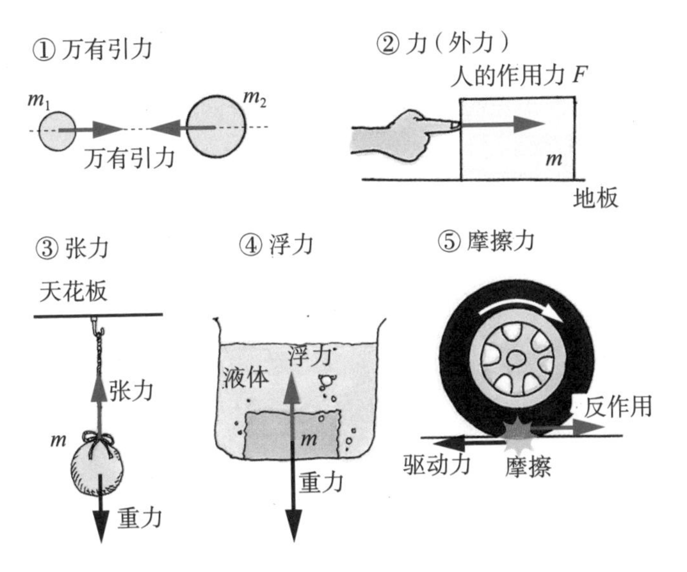

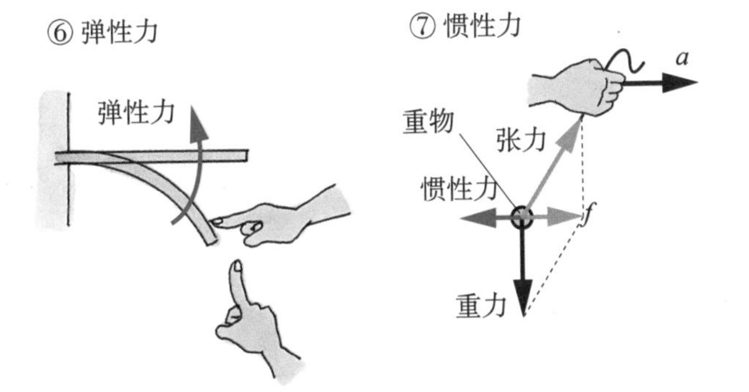

3-3 矢量的合成与分解——矢量的作图法

就像在第 2 章中分解速度那样，速度和力的矢量是能够自由地进行合成和分解的。首先，介绍力的合成的作图法。

图 1 中的①所示的是将作用在 P 点的两个力 F_1 和 F_2 进行合成后求解合力 F，这是力的平行四边形定则的作图法。将要合成的两个力的矢量作为相邻的两边构成平行四边形，于是，这个平行四边形的对角线就是合力。

图 1 中的②所示的是力的三角形定则的作图法。它以 F_1 为基准，将 F_2 的作用点与 F_1 矢量的前端重合，然后，从点 P 到 F_2 的前端方向所绘出的矢量就是合力 F。

图 1 中的③所示的是力的多边形定则的作图法，它适用于求解作用于点 P 的多个力的合力，是由②所示的力的三角形定则连续相接而成的。首先，取任意力为基准；其次，平行移动其他力的作用点与作为基准的力矢量的前端重合，并重复将剩余的力的作用点与合成的矢量的前端重合这一过程；最后，从基准的力的作用点 P 向最后移动的矢量的前端所绘出的矢量就是合力 F。

矢量分解的过程与合成的顺序相反（见图 2 中的①）。进行 1 个力的分解，取决于分解后的 2 条作用线，如果把想要分解的力作为对角线而形成平行四边形的话，其夹着力矢量的 2 个边就是分解后的分力。

图 2 中的②所示的是瓶罐的方便盖。一按压完全扣紧在瓶罐口上的方便盖的中心部位，则瓶罐的方便盖就“啪”的一声打开，这确实是简单的小物件。这种方便盖就是利用了 2 个作用线的角度越接近于水平，分解的力越大的原理制造的。

图1　矢量的合成

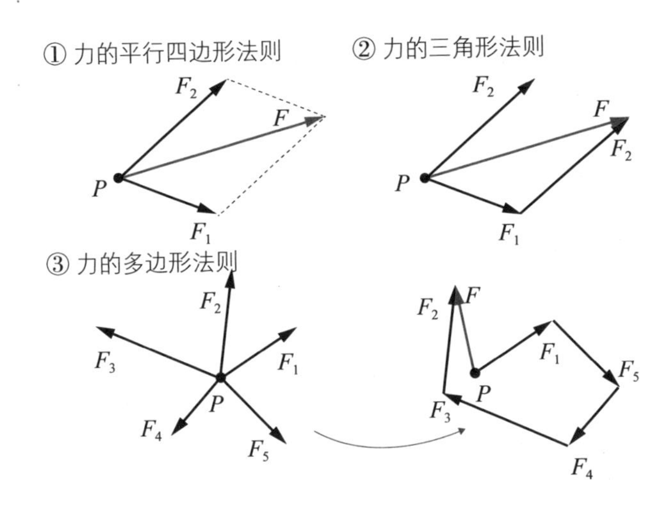

图2　矢量的分解

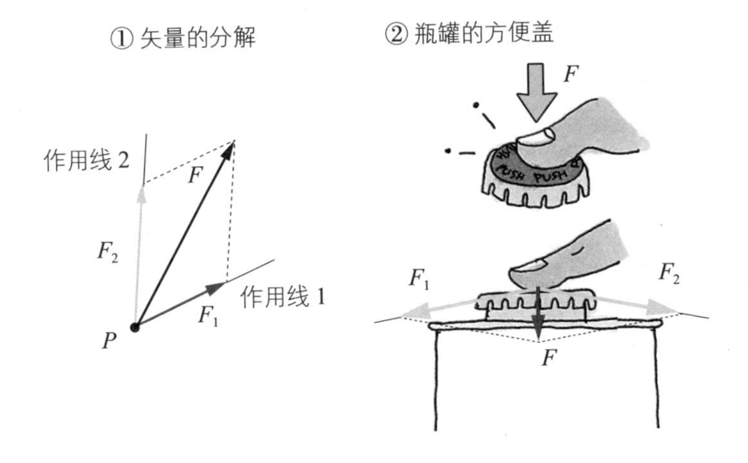

3-4 作用于一点的力的平衡——合力为零

即使在一点上作用有多个力，但点静止不动，也完全显示不出力的作用效果，称为力的平衡状态。平衡状态时，作用在点上的合力的大小等于零。

如图 1 的①中所示，作用在 P 点上的两个作用力 F_1 和 F_2 是作用线和大小相同，方向相反。因为这时的合力为零，所以两个力是平衡的。

在图 1 ②所示的点 P 上有三个作用力，如果两个力的合力与剩下的一个力是平衡的，那么，三个作用力的合力就为零，力就处于平衡状态。还有，如图 1 中的③所示，移动矢量使其按照箭头的方向成为多个矢量首尾相连组成的闭合多边形的状态，则称其为闭合状态，这个合力也等于零。也就是说，在③所示的点 P 上，虽然有 6 个作用力，但平行移动这些力，若是能够形成封闭的六角形的话，力就是平衡的。

那么，我们试着挑战下面的平衡问题。

如图 2 的①所示，固定于天花板上两点的绳索 A 和 B 在 P 点相交，并受到竖直向下的力 F 的作用。请思考绳索 A 与 B 上所产生的张力。提示如图 2 的②所示。

首先，考虑在 P 点与力 F 平衡的合力 $-F$，绘制出与力 F 大小相等、方向相反的力；其次，沿着绳索 A 和 B 的线来分解力 F，并延长两个分力的作用线。若不做这一步骤，也许就会成为图 2 的“这是错误的”的例子。这种错误的理由是认为“上面有天花板，线向上箭头会碰上天花板”，这是一个错误的想法。因为箭头是力的矢量，所以即使穿透天花板也没有任何问题。将 $-F$ 延着两个力的作用线分解成图 2 中②所示的 F_A 和 F_B 就是所求的张力。

图1　作用于1点的力平衡

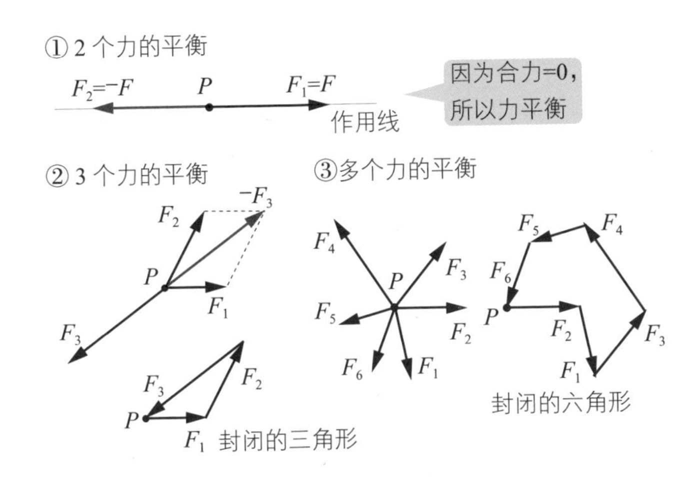

图2　平衡的例子

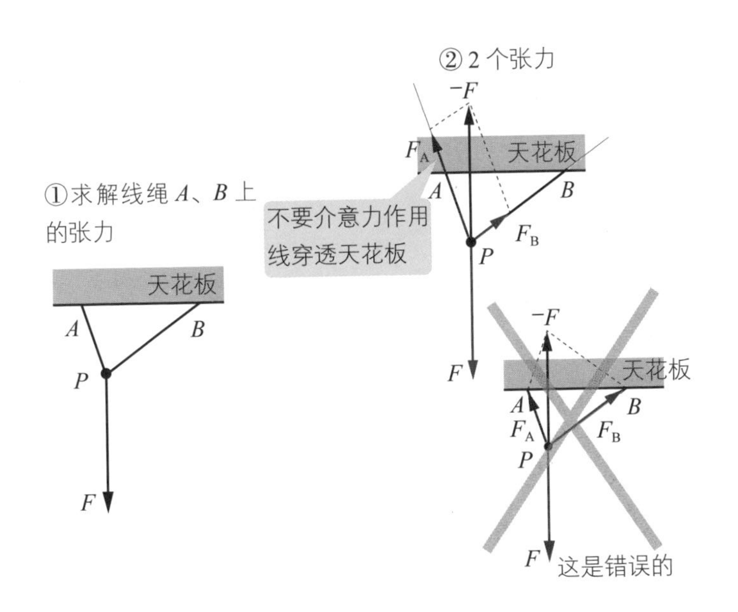

3-5 力和重力（重量）的单位——N 还是 kg？

力的单位 N（牛顿）并不是像我们能够从感觉上理解的秒或米那样的，直到目前为止，我都没有进行详细的解释。为什么呢？这是因为只有理解了第 2 章中的加速度，才能清楚地理解力的单位。

N 是国际单位中的导出单位（参照 1-10 节）。从力的定义 $F=ma$ 可知，力的单位 kg · m/s^2 应该是由基本单位之间相乘除而组成的，但是，直接将其作为力的单位来使用非常不实用，因此，规定使用具有专用名称的导出单位 N。

力的定义是 1N 的力能使质量为 1kg 的物体产生 1m/s^2 的加速度（见图 1）。图 1 的物体被放置在冰上是表示没有阻碍物体运动的力。

如图 2 的①所示，需要记牢作为单位的 N，这是“重力加速度作用于质量为 1kg 的物体时，物体会产生 9.8N 的重力”。这就是说，质量为 1kg 的物体的重力是 9.8N。不过，虽然日常中使用的重量在大多数情况下意味着重力，但一般情况下不采用 N 表示，而用 kg 表示。顺便说一下，电子体重计是将测量的体重通过电子回路修正后，用 kg 表示质量。

如图 2 的②所示，尽管 1L 水的质量是 1kg，但若是说成“1L 水的重量是 9.8N”的话，就会在日常生活中招来巨大的麻烦。因此，在日常生活中，我们可以说 1L 水的重量是 1kg，但在力学的世界中则不同，必须要注意区分。

图 1　何为 1N 的力

力的定义

$F=ma$ (N)
1N 的力能使质量为 1kg 的物体产生 $1m/s^2$ 的加速度

N ……具有专用名称的导出单位

$kg \cdot m/s^2$ ……由基本单位组成的导出单位

图 2　重力·重量

① 重力

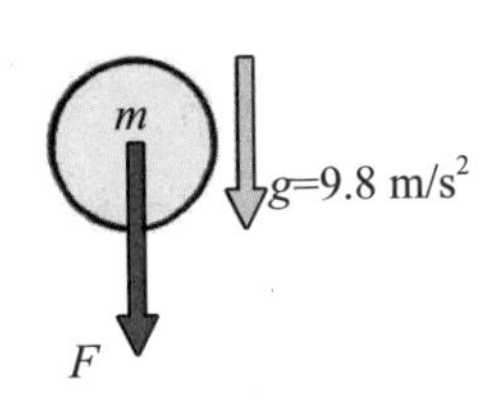

$F=mg$　$g=9.8m/s^2$
重力加速度作用于质量为 1kg 的物体，物体会产生 9.8 N 的重力

② 水的重量

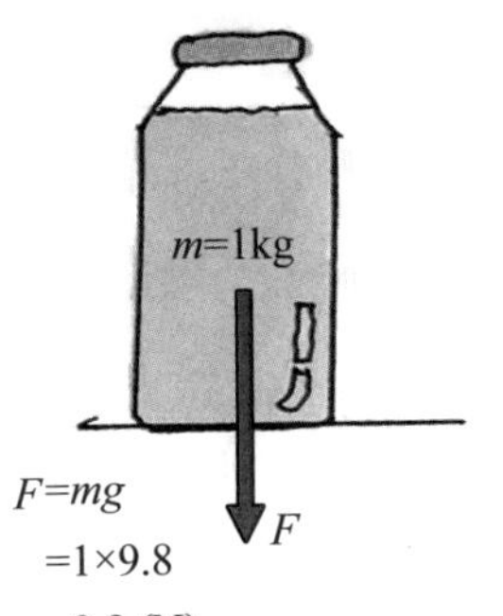

$F=mg$
$=1\times9.8$
$=9.8$ (N)

质量为 1 kg 的水的重力是 9.8 N
在日常中常说重量为 1 kg 的水

3-6 保持运动的状态——牛顿第一定律

放置在地板上的物体若不受到外力的作用，静止状态的物体将保持静止（见图 1 的①）。另外，如图 1 中②所示的冰壶那样，以速度 v 被推出而运动的物体，只要不受其他外力作用，就保持其匀速直线运动。这种现象称为**牛顿第一定律**。由于物体保持现有运动状态的性质称为惯性，因此，牛顿第一定律又称为**惯性定律**。

在运动的物体受到物体以外的力的作用时，我们将这种作用力称为外力。但是，即使受到几个外力的作用，只要这些外力相互平衡即合力为零，外力就失去了作用，物体还是保持原来的状态（见图 1 中的③）。

另外，用手握住拴着重物的线绳，如果十分用力地推出手臂，重物在一段时间内向握住线绳的手的后方倾向（见图 2）。这是因为站在地面的人给重物和手臂施加了加速运动。从建立在地面上的**惯性坐标系**看这一加速运动的情况与从建立在手臂上的**非惯性坐标系**看这一加速运动的情况，力的处理方式有所不同。

从建立在地面上的惯性坐标系来看手臂和重物的运动，重物受到张力和重力的合力 f 的作用，可以认为它是以加速度 a 同手臂一起运动（见图 2 的①）。

从建立在手臂和重物上的非惯性坐标系来看，重物看上去是受到拉力和重力的合力 f 作用以及与这个合力相平衡的力的作用，而处于静止的状态（见图 2 的②）。但是，没有作用在重物上的外力。这是因为重物具有保持静止状态、试图停留在原地的惯性，看起来仿佛有一种力作用在重物上，这种力就称为**惯性力**。

图 1　牛顿第一定律

③ 物体在外力平衡时保持静止状态

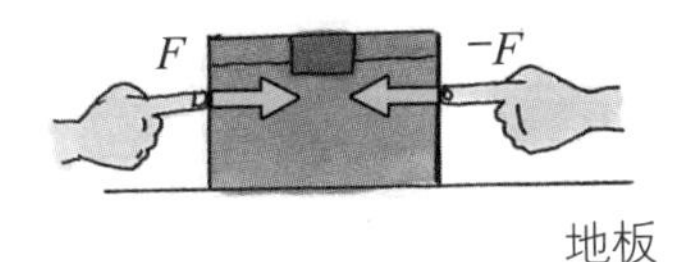

牛顿第一定律是惯性定律

图 2　惯性力

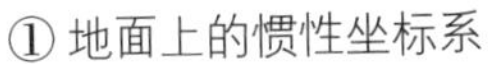

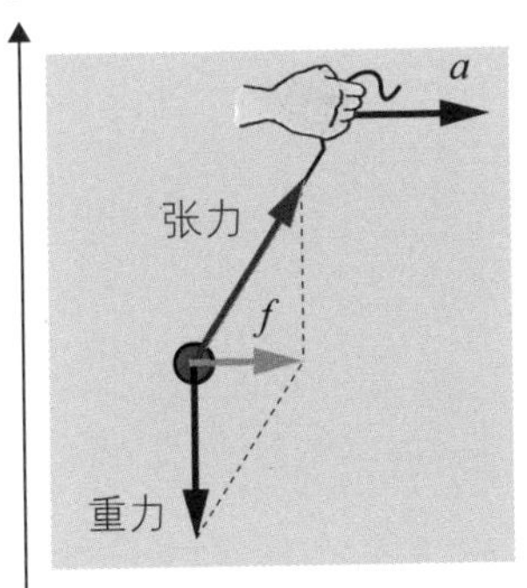

② 手臂上的非惯性坐标系

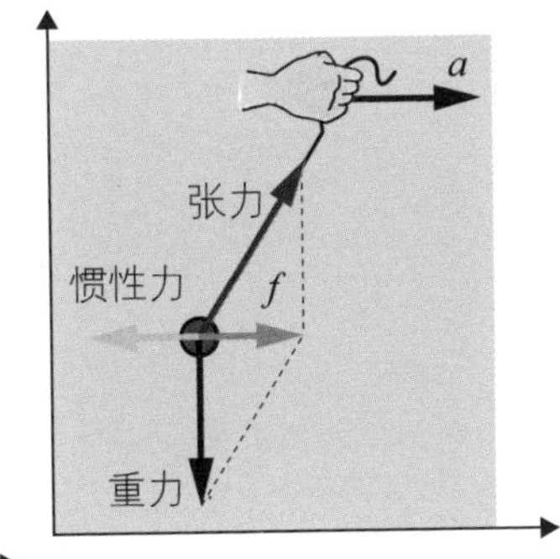

3-7 力、质量和加速度的关系——牛顿第二定律

当外力作用于物体时，惯性平衡状态被打破，物体的运动状态发生变化，产生了加速度。这时产生的加速度的大小与作用力的大小成正比，而与物体的质量成反比。这称为牛顿第二定律。

外力 F 作用在质量为 m 的物体上，产生加速度 a，用公式表示成 $ma=F$（见图 1 的①）。我们将表示牛顿第二定律的这一公式称为运动方程式。如果将图 1 中的式（1）的左边和右边交换，就变成式（2）$F=ma$。在表示物体的运动时，使用式（1）比较方便，而式（2）作为力的定义来使用（参照 3-5 节）。

地球上的物体都受到竖直向下的重力加速度作用而产生重力（见图 1 的②）。设质量为 m，重力加速度为 g，物体的重力 F 由式（2）可表示为 $F=mg$。但是，在日常生活中我们将质量说成“重量”，只是想强调表示重力大小的重量时使用的符号 W。

那么，我们能否直接获得质量和重力的差异呢？如图 2 所示，用绳分别吊挂装有水的两个容器，请大家想象一下给两个容器都施加力。

如图 2 的①所示，从侧面只轻微一碰容器，容器就会轻轻晃动。

如图 2 的②所示，从下面托起容器，需要一些力量。

在图 2 的①所示的场合，力作用于物体的质量（惯性）。在图 2 的②所示场合，力作用于物体的重力，简单通俗地说就是作用于重量。这两种现象就完全对应于图 1 中的①和②。图 2 所示的实验很简单，读者可以试一下。

图 1　牛顿第二定律

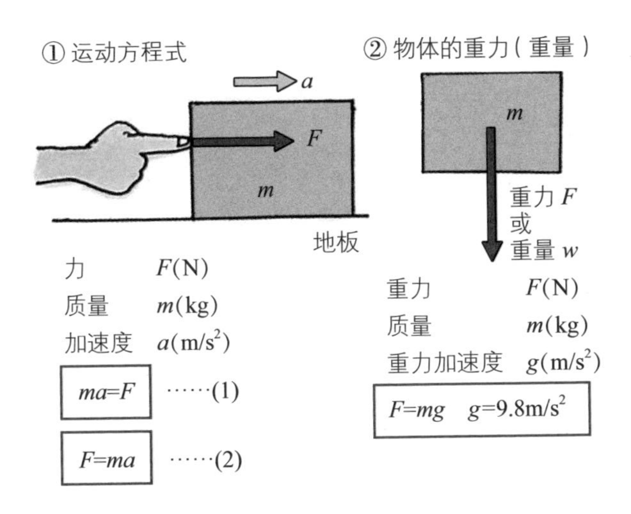

图 2　知道质量和重力的差异

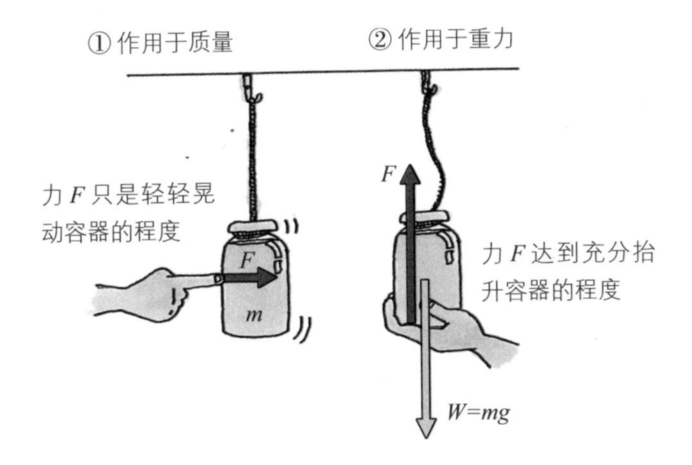

3-8 作用力、反作用力与非惯性系的运动——牛顿第三定律

如果物体 1 对物体 2 施加力的话，物体 2 也对物体 1 施加大小相等、方向相反的力。这就是作用力与反作用力的定律，称为牛顿第三定律。

如图 1 的①所示，人用力 F 去推墙壁时，墙壁就会产生反向推人的垂直抗力 R。在这种场合下，将 F 设为作用力，R 就成为反作用力，这容易理解，但由于作用力与反作用力不是单独发生的，因此将哪一个作为作用力都是一样的。

在图 1 的②所示的场合，设用与书的重量 W 同样大小的压向桌子的力为作用力，桌子给予的垂直抗力 R 就是反作用力。书之所以处于静止状态就是因为重量 W 和垂直抗力 R 相互平衡。

图 2 所示的是托住铁球的手的运动。设铁球的重量为 W，手托铁球的力为 F，铁球施加于手的垂直抗力为 R，让我们考虑一下手在竖直方向上进行上下移动时的力的关系。因为 F 和 R 是作用力与反作用力，所以铁球的运动由 F 和 W 的大小决定。手感觉到的铁球重量就是力 R 的大小。

如图 2 的①所示，当力处于平衡状态 $F=W$ 时，铁球静止。这时是惯性坐标系中的运动，手感到的铁球重量 R 与铁球重量 W 相同。

②的场合是 F 比 W 大，托高铁球。由于 R 与 F 大小相同，因此手感觉到的重量比实际的铁球重量大。

③的场合是 F 比 W 小，铁球下降。手感觉到的重量比实际铁球重量轻。

图1 作用力与反作用力

① 用手推墙壁

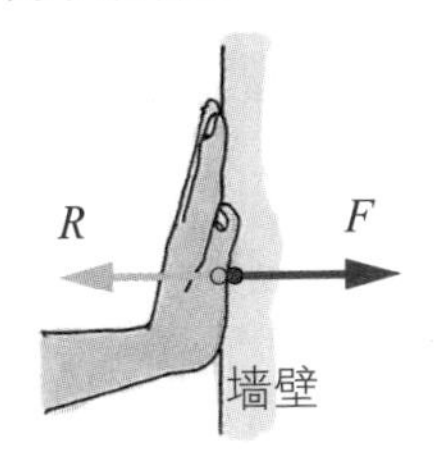

F:作用力
手推动墙壁的力
R:反作用力
墙壁给手的垂直抗力

② 桌子上的书

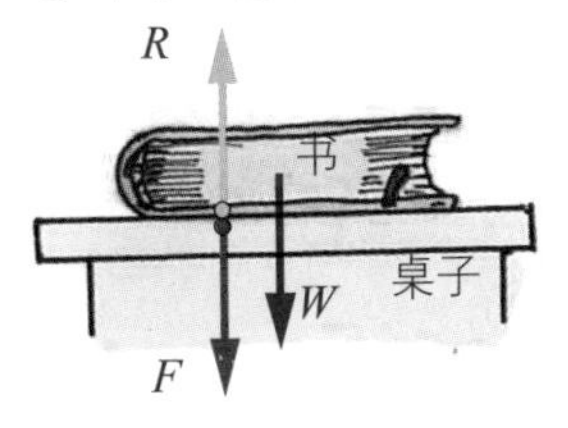

W:书的重量
作用于书的重力
F:作用力
书施加给桌子的力
R:反作用力
桌子给书的垂直抗力

图2 非惯性系的运动

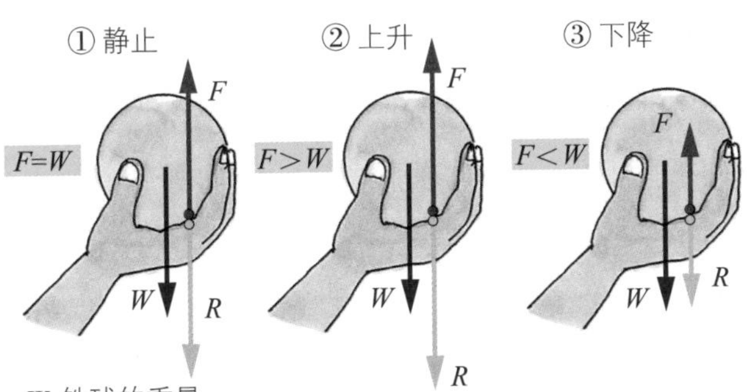

W:铁球的重量
作用于铁球的重力
F:作用力
手施加给铁球的力
R:反作用力
铁球给手的垂直抗力

F和W的平衡状态决定铁球的运动

3-9 电梯中力之间的关系——惯性力和运动方程式

如果搭乘电梯，在上升时，人就会感觉到身体变重；在下降时，就会感觉到身体变轻。让我们用惯性力和运动方程式来解释这种现象吧！

电梯以加速度 $1\mathrm{m/s^2}$ 上升，在电梯的地板上放有质量为 10 kg 的货物，求货物施加给电梯地板的力。设重力加速度为 $9.8\mathrm{m/s^2}$。

图 1 是将货物 m 施加给电梯的力 F 作为货物的重量 W 与惯性力 F_0 的合力进行分析的例子。在电梯上升时，货物产生与运动方向相反的惯性力。由于这个惯性力与重力的方向相同都向下，因此式（1）$F=W+F_0$ 成立。经过变换，就能得到算式 $F=m(g+a)$。这个求解方法是基于“按照力的定义 $F=ma$，合成加速度，进而来求解力”而形成的。

图 2 是从作用于货物的力处于平衡的角度建立其运动方程式的例子。与货物的运动有关的力只有三个，分别是式（1）$F=ma$ 表示的使货物运动的力 F，式（2）$W=mg$ 表示的货物重量 W，式（3）$F=N-W$ 表示的电梯的地板给予货物的垂直抗力 N。

首先，设运动的方向为正（+）来确定各个力的正负方向。其次，使货物运动的力置于等式的左边，作用在货物上的力置于右边，就有式（4）运动方程式 $ma=N-mg$ 成立。要做到建立运动方程式，就只能考虑货物的受力情况是平衡的。如果建立运动方程式的话，可以考虑将多个物体的运动分成各自的运动。

图 1 用 $F = ma$ 进行分析

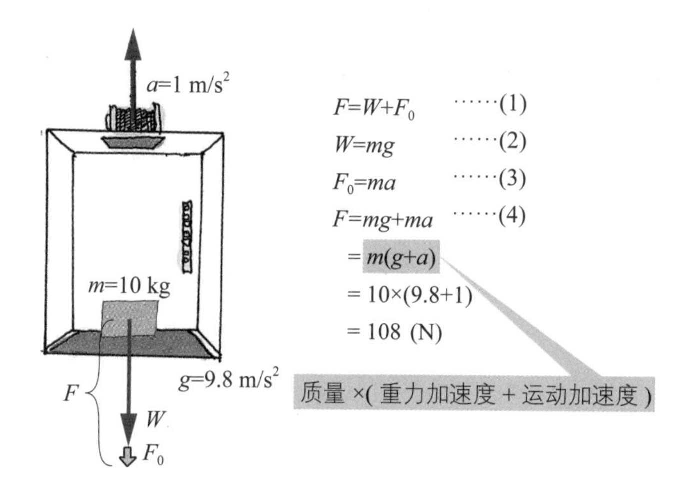

图 2 建立运动方程式

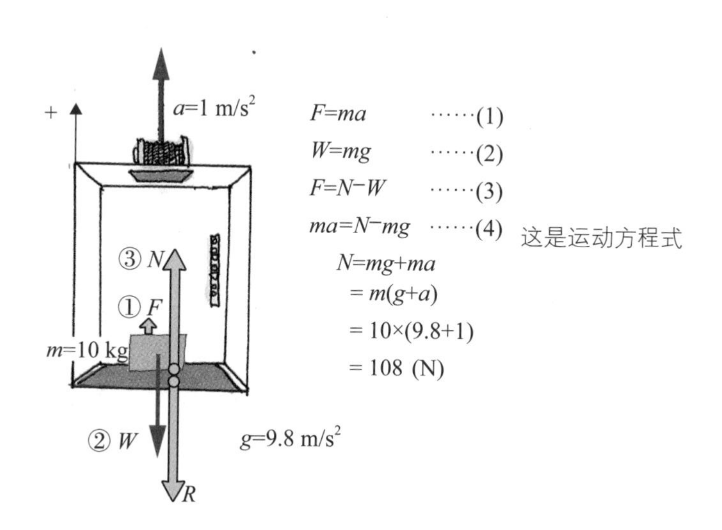

3-10 电梯与其内物体的力的关系——区分不同的力

作为应用运动方程式来求解试题的练习，在3-9节的例题中加入电梯的运动，让我们来分析电梯和货物的整体运动。

“质量为M的电梯，在其地板上放置质量为m的货物，货物受到力F的作用向上运动。试求：① 电梯运动的加速度；② 货物施加给地板的压力。”在这个问题中，已知的条件为F、M、m、g。设需要求解的加速度为a、地板受到的压力为N，分别建立电梯与货物的运动方程式。

在运动方程式中，等式的左边是能够使研究对象的物体直接运动的力，等式的右边是作用于物体的各力之和，考虑各力的正负符号而建立运动方程式。

如右图的①所示，先确定与这个运动相关的力和坐标轴的方向。设向上的运动为正（+）。因为货物与电梯的作用力和反作用力的大小相等，所以设两者都为N。

右图中的②所示是针对电梯所建立的运动方程式。其中，Ma是提升电梯的力，F是提升包含电梯和货物整个系统的力，Mg是电梯的重量，N是货物施加给地板的压力。等式（1）$Ma=F-Mg-N$就是电梯的运动方程式。

右图中的③所示的是针对货物所建立的运动方程式。其中，ma是提升货物的力，N是地板给予货物的阻力，mg是货物的重量。式（2）$ma=N-mg$就是货物的运动方程式。

求解多个运动方程式的原则是进行方程两边各自相加的计算。将式（1）和式（2）的方程两边进行相加，得到式（3）$a=F/(M+m)-g$，这就是所要求解的电梯的加速度。然后，将式（3）代入式（2）中，整理后就能得到求解的作用在地板上的压力N。

在式（4）$N=mF/(M+m)$中，一看到$m/(M+m)$作为货物的质量与整个电梯的质量之比的话，我们就清楚地看见了全部的作用力F和货物压地板的力N的比值。

考虑分解成各自的运动

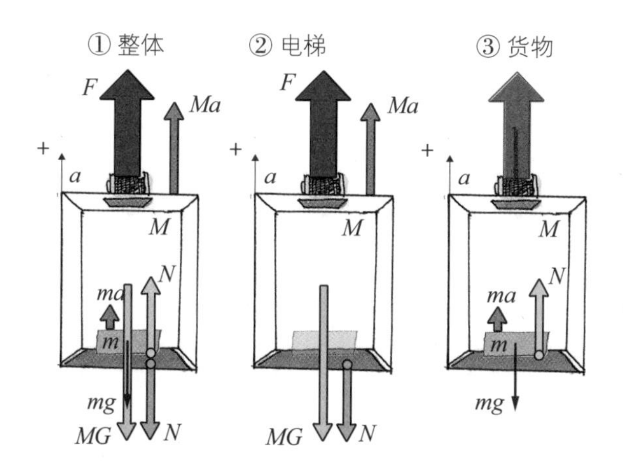

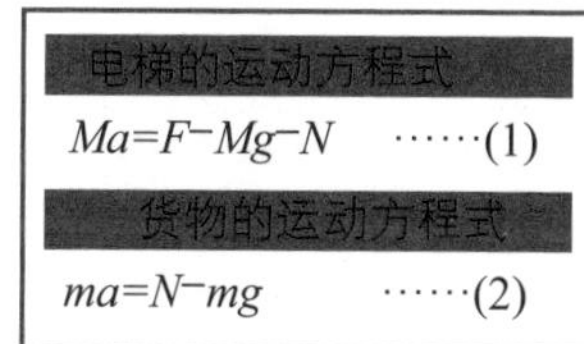

电梯的运动方程式

$Ma=F-Mg-N$ ……(1)

货物的运动方程式

$ma=N-mg$ ……(2)

步骤 1 求解加速度

从式（1）和式（2），得：

$Ma+ma=F-Mg-N+N-mg$

方程式的两边相加得：

$(M+m)a=F-(M+m)g$

$$a=\frac{F}{M+m}-g \quad \cdots\cdots(3)$$

将式 (3) 转换为 F 的表达式形式

$F=(M+m)(a+g)$

这就是整个的运动方程式

力=(质量之和)×(加速度之和)

步骤 2 求解地板上的压力

将式（3）代入（2）中，得：

$$m\left(\frac{F}{M+m}-g\right)=N-mg$$

$$N=m\left(\frac{F}{M+m}-g\right)+mg$$

$$=\frac{m}{M+m}F \quad \cdots\cdots(4)$$

变换为质量比的形式

3-11 接触面上阻碍运动的力——摩擦力

放置于地板上的物体滑动运行时，作用在接触面上且与运动方向相反的阻力就是摩擦力。摩擦力的大小是作用于物体上的垂直抗力 N 和摩擦因数 μ 的乘积。摩擦因数是确定摩擦发生程度的因数，没有单位。

图 1 的①所示为施加给物体的力 F 较小时，产生的与 F 大小相等、方向相反的且能使物体静止不动的摩擦力。即使施加了作用力而物体仍然静止不动时的摩擦力称为静摩擦力。

图 1 的②所示为随着力 F 变大到刚好使物体能够静止的极限状态。这时发生的摩擦力称为最大静摩擦力。

如图 1 的③所示，在物体开始运动后再继续施加力，那么物体滑动的同时就产生了摩擦力。伴随着物体的运动而产生的摩擦力称为动摩擦力。动摩擦力的值要小于最大静摩擦力。

对于放置在水平面上的平板上的装载物体，如果将平板的一端逐渐地提高，平板与水平面的夹角就会变大并且平板上的物体开始滑动。这时，可以将物体的重力 W 分解为与斜面平行的分力 P 和与斜面垂直的分力 R（见图 2 的①）。于是，分力 P 就是使物体滑动的力，分力 R 引发垂直抗力 N。垂直抗力 N 和静摩擦因数的乘积就是静摩擦力 f。

此时，如图 2 的②所示，进一步变大斜面的角度 θ，分力 P 也变大，最后超过静摩擦力的最大值 f_{max} 而开始滑动。此处的 f_{max} 是最大静摩擦力，而这时的角度 θ 称为摩擦角。

图1　接触面上的阻力

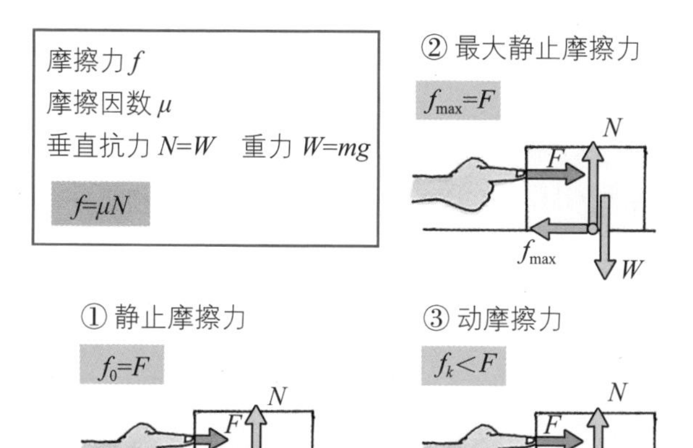

图2　摩擦角

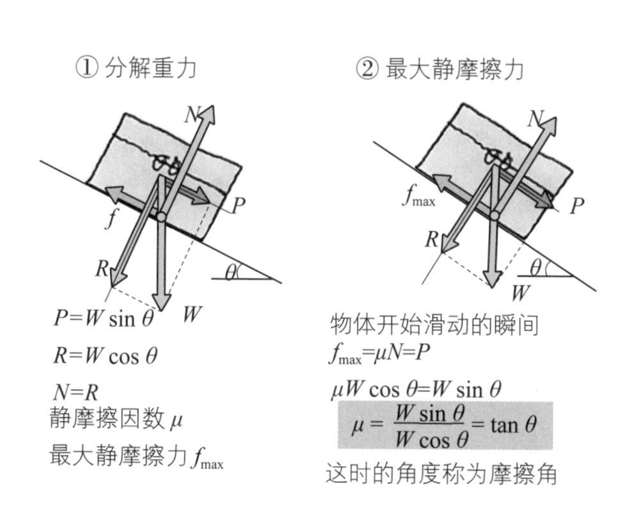

3-12 装载在手推车上的货物滑动时的运动——非惯性坐标系的摩擦力

在手推车装载了货物之后，再在其货物上面堆放货物，这时如果猛用力推手推车的话，最上面的货物就会滑动。你有过这样的经验吗？这是货物在加速度运动的手推车上的运动，是非惯性坐标系的运动。

在图 1 的①中，将平滑滚动的手推车与原装载的货物 1 作为一个整体来考虑，其质量设为 M，最上面堆放的货物 2 的质量设为 m。而人推动手推车的力设为 F，物体 1 和手推车的加速度设为 a_1，物体 2 的加速度设为 a_2。此时，虽然物体 2 滑动运动时的方向与手推车行进的方向相反，但是从地板坐标系的角度来分析其运动，则得到由于摩擦的作用使物体 2 与手推车的运动方向相同的结论。

图 1 中的②所示的是为了更容易看清与两个物体相关的作用力，将两个货物 1、2 分离，单独分析各自的运动。

如图 1 中的③所示，由于手推车的运动是水平方向，因此竖直方向的垂直抗力和重力相互抵消，与运动相关的力只有水平方向的力。但是，货物 1 与货物 2 在接触面有相互滑动，若设动摩擦因数为 μ'，则动摩擦力 f 就等于 $f=\mu' mg$。

然后，建立运动方程式。式（1）$Ma_1=F-\mu' mg$ 就是货物 1 的运动方程式，式（2）$ma_2=\mu' mg$ 就是货物 2 的运动方程式，由各自的等式中求解出的加速度 a_1 和 a_2 就如式（3）和式（4）所示。

式（3）和式（4）的加速度是建立在地板的坐标系中的。在手推车的坐标系中，为比较货物 1 和货物 2 的加速度即 a_1-a_2 时，等式的右边会出现负号。由此，我们就能明白 a_2 与 a_1 的运动方向相反，这就是向后滑动。

在手推车上滑动货物的运动

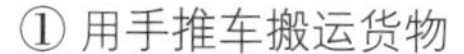

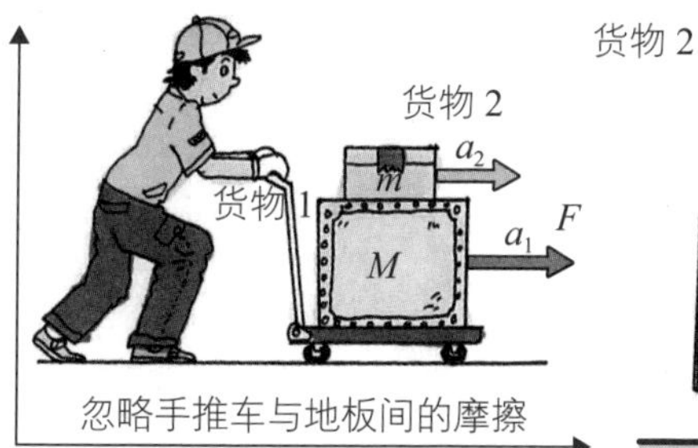

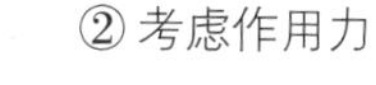

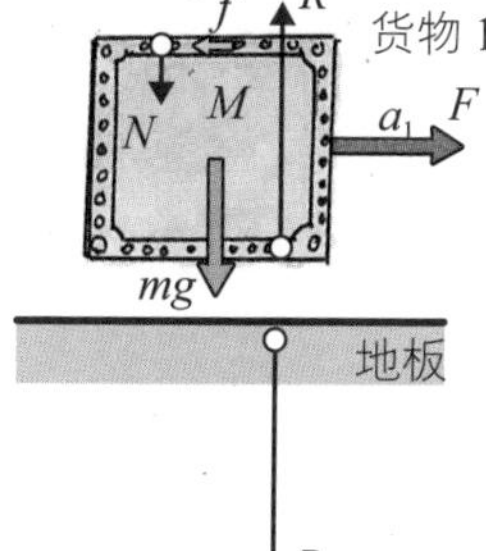

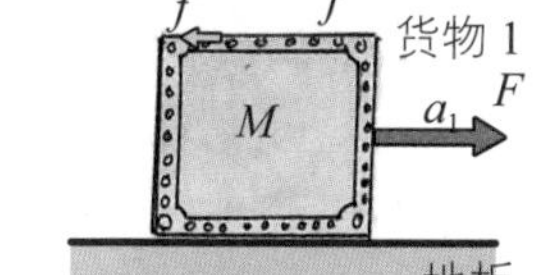

重力加速度 g

动摩擦因数 μ'

动摩擦力 $f=\mu' mg$

求解货物 2 相对货物 1 的加速度

$Ma_1=F-\mu' mg$ ……(1)

$ma_2=\mu' mg$ ……(2)

由式（1）得：

$a_1=\dfrac{F-\mu' mg}{M}$ ……(3)

由式（2）得：

$a_2=\mu' g$ ……(4)

货物 2 相对货物 1 的加速度就是式（4）和式（3）的差

$$a_2-a_1=\mu' g-\frac{F-\mu' mg}{M}$$

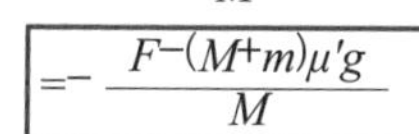

$$=-\frac{F-(M+m)\mu' g}{M}$$

因此，a_2 和 a_1 运动方向相反

3-13 放在斜面上的物体的运动——斜面与摩擦

如图 1 所示，用绳索连接的质量为 M 与质量为 m 的两个物体，在没有摩擦和其他阻力而能够获得平衡时的倾角 θ 是被限定的。此时，大家应该已经注意到 m 和 M 的关系：将重力 Mg 分解成平行于斜面的力 P 和垂直于斜面的力 R，若绳索的拉力 mg 与力 P 平衡就可以了。因为忽略了摩擦，所以分力 R 就没有作用。

由于既没有摩擦也没有阻力的情况就是完全的理想状态，在现实中是不存在的，因此，作为斜面上质量为 M 的物体的接触面存在着摩擦关系。

图 2 所示为在将板相对于水平面倾斜某一个角度时，物体处于静止状态。逐渐减小其倾斜度，在其角度达到 θ 时，质量为 m 的物体开始下降。设静摩擦因数为 μ，不考虑绳索和滑轮的质量及阻力，试求解 m 和 M 的关系。

在这种情况下，需要图 1 中所示没有考虑的斜面施加给物体的垂直抗力 N。由 N 和静摩擦因数 μ 的乘积求解出摩擦力 f。然后，考虑摩擦力 f 和质量为 m 的物体的重力间的力平衡关系。

质量为 m 的物体的重力 mg 是沿着斜面拉拽质量为 M 的物体的拉力。

将质量为 M 的物体的重力分解为平行于斜面的力 P 和垂直于斜面的力 R，则力 P 是沿着斜面向下滑动的力，力 R 的反作用力就是作用于质量为 M 的物体上的垂直抗力。静摩擦力 f 则是张力的阻力，即是平行于斜面向下的力。

可以由力的平衡方程式 $mg=P+f$ 求解出两个物体间的关系。

图 1　斜面上的平衡

不考虑斜面上的摩擦、绳索和滑轮的质量及其间的阻力

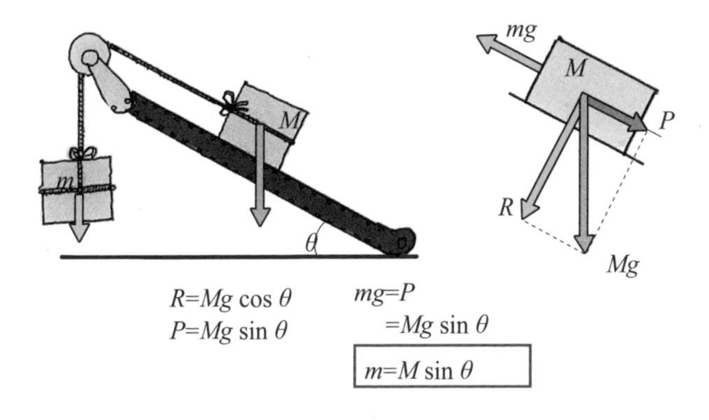

图 2　添加摩擦试试看

不考虑绳索和滑轮的质量和阻力的作用

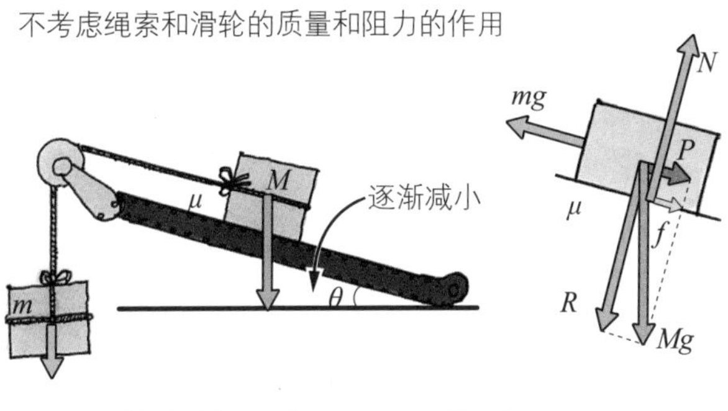

$N=R=Mg\cos\theta$　　$mg=P+f$

$f=\mu N=\mu Mg\cos\theta$　　$=Mg\sin\theta+\mu Mg\cos\theta$

$P=Mg\sin\theta$　　$=Mg(\sin\theta+\mu\cos\theta)$

所以 $\boxed{m=M(\sin\theta+\mu\cos\theta)}$

3-14 拔河的胜负取决于摩擦力——摩擦问题的思考

在力学中，有时会设定“不考虑摩擦”这一有利条件。但是，在我们的周围可以不考虑摩擦的事物几乎是没有的。让我们不用数学公式来试着分析一下摩擦的效果。

如图 1 所示，当人推动货物时，理想的情况是货物与地板之间的摩擦尽可能小。不过，若是人与地板之间没有了摩擦，就不能推动货物。人脚的力通过摩擦传递到地面，其反作用力就是推动货物前进的力。汽车的轮胎也是同样利用摩擦产生的反作用力来使汽车运动的。

那么，拔河又是怎么一回事呢？真的是力量的比较吗？

图 2 中的①所示的是 A 与 B 两人势均力敌时，张力 T 作用在两人身上。

A 与 B 是用我们看得见的与 T 同样大小、方向相反的力 F_A 和 F_B 在拉动一根绳索。实际上，这个力是通过人的鞋下作用于地面上的力的反作用力，作为它的反作用力是由地面施加给人的与拉力 T 反向的摩擦力 f_A 和 f_B。因此，A 的运动取决于 T 与 f_A 平衡，B 的运动取决于 T 与 f_B 平衡。

设向右的力为正（+），从下面的角度分析其运动过程。

图 2 中的①所示的是在 A 是 $T-f_A=0$、B 是 $-T+f_B=0$ 的情况下，因为 A 与 B 的受力情况都分别平衡，所以 2 个人都是静止不动的。

图 2 中的②所示的是由鞋子的滑动、身体趋势摇摆等证明了 A 产生的摩擦力明显大于 B 产生的摩擦力的状况。于是，A 的受力情况是 $T-f_A<0$，向左移动；B 的受力情况是 $-T+f_B<0$，向左移动。所以 A 具有优势。拔河的过程可以说是“摩擦力的战斗”。

图 1　摩擦的作用

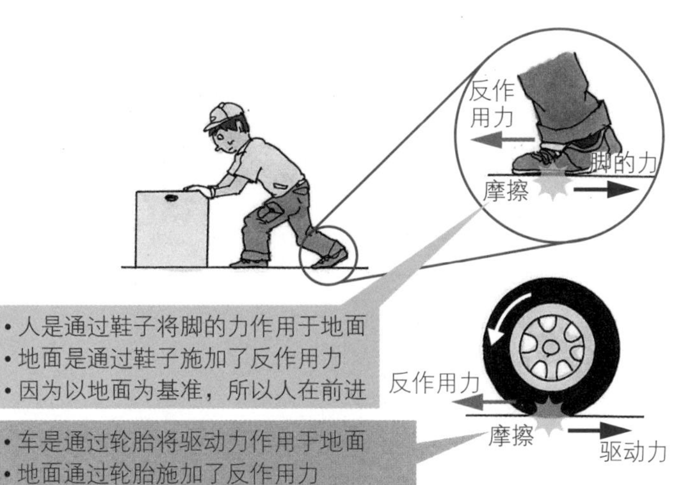

图 2　拔河的胜败在于摩擦力

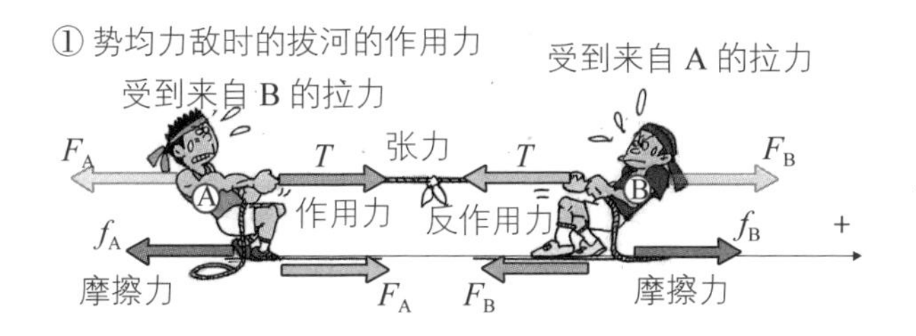

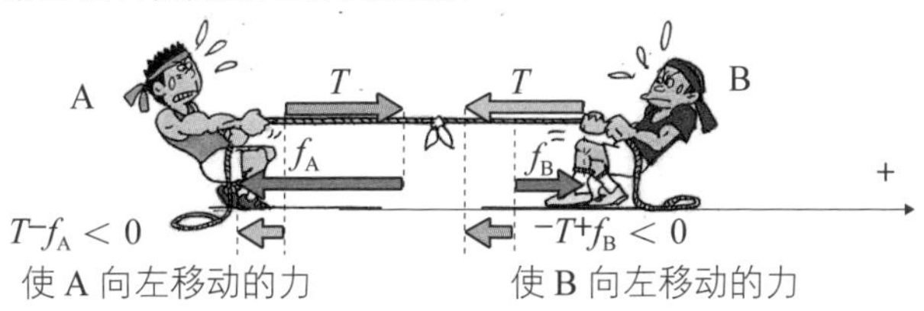

3-15 圆周轨迹上的运动——匀速圆周运动

如图 1 所示，匀速圆周运动是点 P 以点 O 作为中心在圆形的轨道上以恒定的速度旋转的运动。点 P 在下一瞬间就移向点 P'。在圆的切线方向，即使是恒定的速度，由于速度方向随时发生变化，因此它也不是匀速直线运动，而称为匀速圆周运动。

在右侧的图与公式中，角度 θ 是用弧度单位来表示的。关于弧度单位在图 2 中做一简单的说明。设弧 $\widehat{P_0P}$ 的长度为 s，s 的移动时间为 t，线速度为 v，在单位时间内所走过的圆心角的旋转速率作为角速度 ω 来考虑，试分析运动过程。虽然有各种各样的相关公式，但还是与图相联系的便于记忆。

顺便提一下，旋转运动的大小也可用周期 T 还有转速 n(r/s) 来表示。r/s 即每秒转数。

如图 2 中的①所示，将半径 r、圆弧长度 $\hat{r}$ 所对应的圆心角定义为 1rad 的方法称为弧度制（rad）。这样规定后，1 周 360° 就成为 $2\pi r/r=2\pi$ (rad)。rad 是国际单位的辅助单位。因为弧度是长度 ÷ 长度，所以在实际的计算中是没有单位的，是无量纲数。没有习惯之前你也许会感到困惑。

如图 2 的②所示，在表示旋转速率的场合，圆周上的速度与半径成比例地变化。如果用单位时间内旋转角 θ 表示速度，就是与半径无关的角速度 $\omega=\theta/t$(rad/s)。

图 2 中的③表明，当用 rad 来表示角度时，在角度较小的情况下，可用近似值计算来消去等式中的 sin、cos 及 tan 函数，整理后就能将公式简化。这种消去方法在分析圆周运动的瞬时运动等时经常使用。

图 1　匀速圆周运动

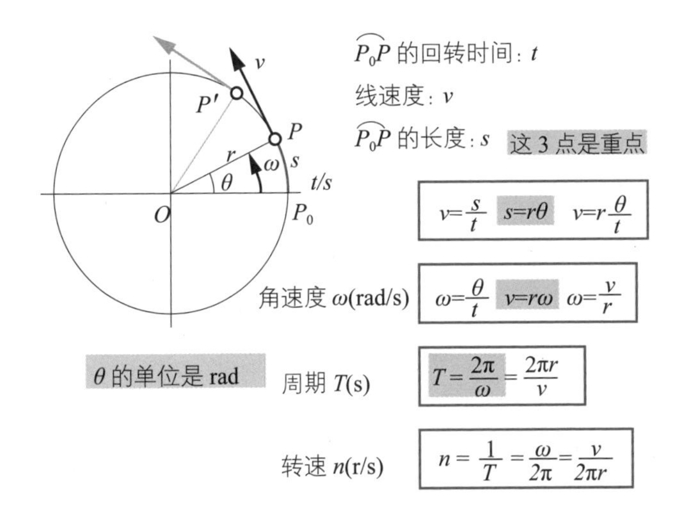

图 2　弧度法 (rad)

① 弧度法 (rad)

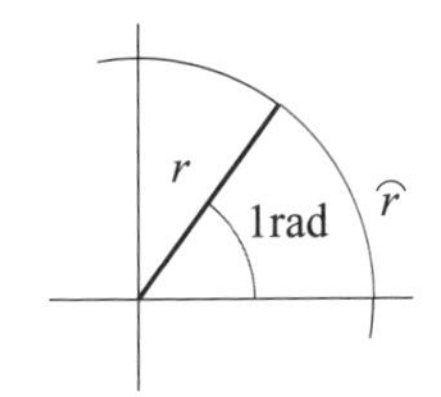

$1\text{rad}=\frac{\overset{\frown}{r}}{r}$ (≈ 57.3°)　这样就容易记住！

$360°=\frac{2\pi r}{r}=2\pi(\text{rad})$

$180°=\frac{\pi r}{r}=\pi(\text{rad})$

② 用角速度表示旋转速度

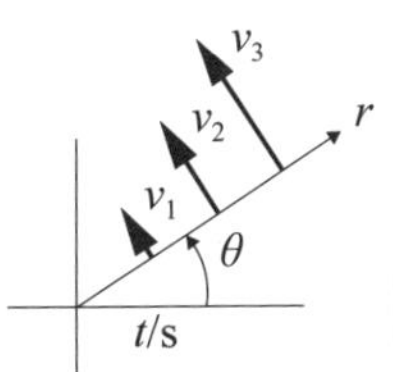

角速度

$\omega=\theta/t$ (rad/s)

③ 三角函数的近似计算

$\sin\theta\approx\tan\theta\approx\theta$
($\theta\approx10°$时，误差为 1%)

$\cos\theta\approx1$
($\theta\approx8°$时，误差为 1%)

3-16 使物体进行圆周运动的力——向心力

如图 1 所示，线的一端系有重物，现紧握线的另一端使线在伸直的状态下围绕固定点 O（即为手）旋转，于是旋转面就是水平面。这就是圆周运动。当手松开线时，重物就会沿着圆周的切线方向飞出，这是因为之前线一直拉着具有向切线运动趋势的重物。

重物的速度方向总是在沿着圆的切线方向变化。线绳的拉力的作用方向总是与速度垂直，并使重物沿着半径指向旋转中心。这种力称为**向心力**。**为给物体施加向心力，必须要有加速度**。这种加速度称为**向心加速度**，质量 m、角速度 ω、速度 v 及向心加速度 a 的关系可用图 1 中式（1）$a=r\omega^2=v^2/r$ 表示。将力的定义 $F=ma$ 代入式（1），就能够得到求解向心力的式（2）。

图 2 中的①所示为在校园操场的弯道上奔跑的孩子的运动，他的运动可以看作是圆周运动。在没有绳的情况下，向心力是如何产生的呢？孩子们为了跑过弯道，脚落在旋转外侧的地面即力给地面施加了向旋转外侧的作用力。于是，作为地面的反作用力的摩擦力给孩子施加了向旋转内侧的力，这个摩擦力就是孩子的向心力。图 2 中的②所示为摩托车或自行车的轮胎和地面之间的摩擦力，图 2 中的③所示的飞机是将机体和空气之间的摩擦力作为反作用力而产生的向心力。

在图 2 中的①～③所示的例子中，因为向地面和大气施加了向旋转外侧的力，产生向心力会使人和机体向旋转内侧倾斜。在图 2 中的④所示的汽车例子中，因为车体不能大角度地向内侧倾斜，所以使用由弹簧等构成的称为**悬挂**的装置。悬挂将车轮压向地面，进而产生了向心力。

图 1 向心加速度和向心力

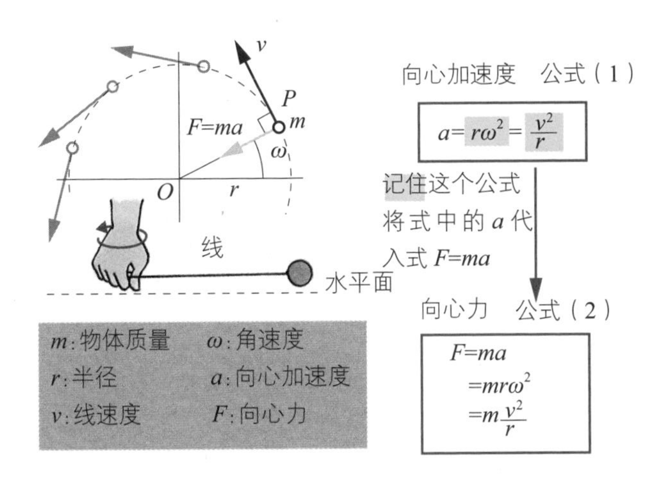

图 2 摩擦和向心力

3-17 身体感觉得到的旋转力——离心力

因为总有加速度作用，所以圆周运动是非惯性坐标系的运动。如图 1 所示，若用以物体为参考点的非惯性系坐标系来分析，物体上还有与向心力 F 大小相同、方向相反的力 F' 的作用，于是可以认为在与运动呈直角的方向上力达到平衡状态。这个力 F' 称为离心力。

如果设向心力 F 的方向为正（+），那么离心力 F' 方向就是负（−），且默认它的大小和 F 相等。离心力是将惯性坐标系的运动定律用在非惯性坐标系的物体运动中，从而使运动分析简单化的力，称为虚拟力。

圆周运动在停止的瞬间，向心力和离心力同时消失，因为只有作用于物体的惯性速度 v，于是物体就沿着切线方向飞出。

如图 2 所示，自行车以倾斜角 θ 在弯道转弯时，自行车和骑车人的总重量 W 在水平方向的分力大小就是向心力和离心力的大小。骑自行车的人从这个力的平衡状态中感觉到了离心力。

成人骑自行车和儿童骑自行车的时候，各自的总重量有所差异。现有成人、儿童分别骑着的两辆自行车，当两辆自行车在相同的弯道以同样的速度行驶时，倾斜角 θ 会发生什么样的变化？如式（1）所示，因为 $\tan\theta=r\omega^2/g$，质量 m 已经被消去，也就是说，在上述条件的运动过程中，倾斜角与质量无关，所以此时的倾斜角相同。

现有例题：设自行车和人的总重量为 800 N、线速度为 2 m/s、旋转半径为 10 m，试求解向心力。要点是为了将总重量转换成质量，用重力加速度 9.8 m/s^2 除总重量。计算后得出的结果为 32.7 N，相当于大约 3.3 L 水的重量。

图 1　向心力和离心力

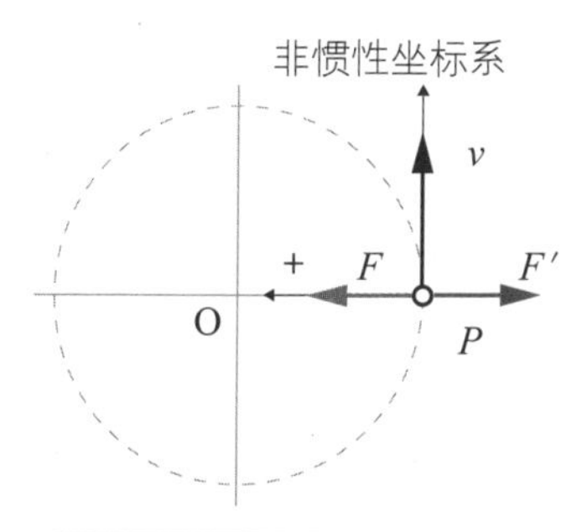

在物体 P 上的非惯性坐标系中，向心力 F 和离心力 F' 平衡，物体以速度 v 进行运动

在中心为 O 的地面的惯性坐标系中，物体以向心力 F 和速度 v 进行运动

v: 线速度
F: 向心力
F' ：离心力

离心力和向心力相互平衡
离心力 = − 向心力

$$F'=-F \quad F=ma=mr\omega^2=m\frac{v^2}{r}$$

图 2 感觉得到离心力的时候

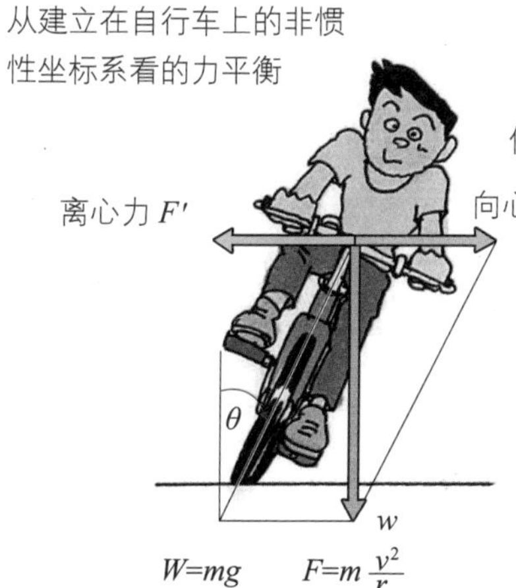

$$\tan\theta=\frac{F}{w}=\frac{mr\omega^2}{mg}=\frac{r\omega^2}{g} \quad \cdots\cdots(1)$$

倾斜角 θ 与质量无关

例题
自行车和人的总重量 W=800N
切线方向的速度 v=2m/s
旋转半径 r=10m

$$F=m\frac{v^2}{r}=\frac{800}{9.8}\times\frac{2^2}{10}\approx 32.7(\mathrm{N})$$

3-18 使物体旋转——力矩

如图 1 中的①所示，回想一下将钉子牢固地钉入木板 O 点的情形。因为木板只有 1 点是固定的，所以当从侧面用力地推动木板时，就能够看到木板以点 O 为中心的旋转。这种能够使物体旋转的就是力矩。

在距点 O 直线距离为 L 的点 P 上施加垂直于直线 OP 的力 F 时，其产生的力矩 M 的大小为 $M=FL$。直线 OP 称为力臂，长度为 L。力矩的单位是 N · m。

当力以角度 θ 作用于力臂时，如图 1 中的②所示，延长力 F 的作用线，取支点到力的垂直距离 L'；或者如图 1 中的③所示，在 P 点作出力 F 与直线 OP 垂直方向的分力，无论哪一种方法都是相互呈垂直状态的力和力臂（距离）的乘积。无论哪一种方法，计算结果都相同。

图 2 所示为一个中心点 O 被钉子固定住的边长为 $2L$ 的正方形板，因为四个大小相等的力作用在板上，所以板以 O 为中心有着向右或向左旋转的趋势。想要确定其运动趋势，只需分别求出四个力的力矩，最终求出力矩的总和即可。

首先，确定力矩向右旋转、向左旋转的方向符号。虽然设哪个方向为正都可以，但是，通常情况下，为与三角函数或圆周运动等相同，都设其向左旋转方向为正（+）。

可以直接由图 2 得到 M_1 和 M_4 的力臂。需要注意的是 M_2，因为旋转中心 O 在 F_2 的作用线上，所以其力臂为零，则力矩也为零。M_3 的力臂 OP 可用勾股定理和三角比求出。最终得到结论，在这个例子中木板在力矩的作用下向左旋转。

图1　力矩

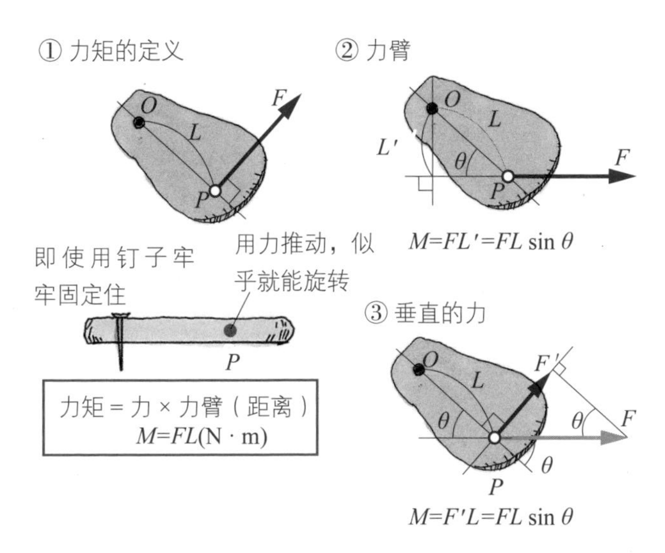

图2　方向符号和计算例题

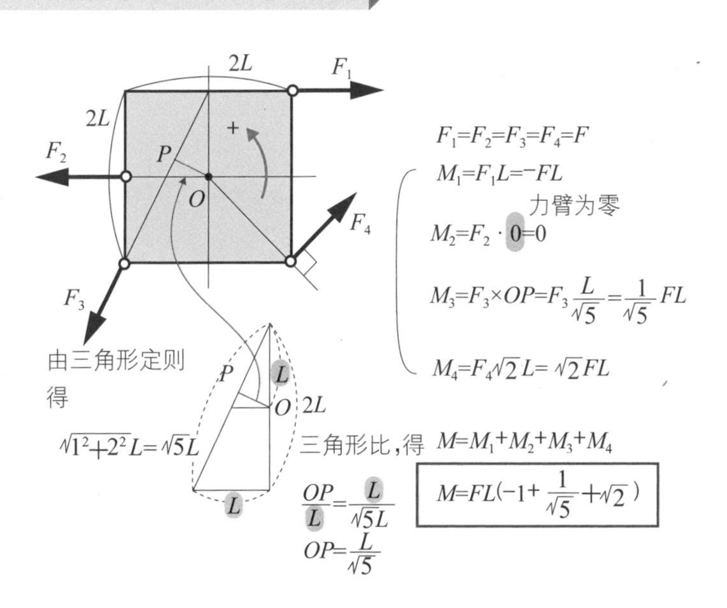

3-19 探索身边存在的力矩——简单的计算例

以身边熟悉的事例来分析力矩。图 1 中的①所示的是蹬踩自行车脚踏板；②所示的是扳动扳手。当力与力臂成直角时，①和②所示的力矩用式（1）$M=FL$ 表示；当力与力臂成倾斜角 θ 时，①和②的力矩用式（2）$M=FL\cos\theta$ 表示。

在①的式（2）中，是采用了垂直于力的作用线的距离（力臂）的方法而获得的结果；而在②的式（2）中，是采用了与扳手呈垂直方向的分力的方法而获得的结果。不过，无论用哪一种方法得到的力矩都是相同的。

图 2 所示的是装饰室内的装饰吊挂的例子。在实际的制作过程中，最好是先在装饰吊挂架上挂上装饰物品之后，再一层一层地试探着寻找平衡点，从而完成吊挂组装。在这里，我们忽略吊起来的装饰吊挂架的重量，只考虑装饰物品的重量，分析其取得平衡的条件。

设分别吊着两个装饰物品的装饰吊挂架的支撑点为 1 和 2，吊着 1 和 2 的装饰吊挂架的支撑点为 3。设装饰物品中的重量是 $W_1=W_4$，支撑力臂的长度具有 $L_1=2L_2$、$L_3=L_2$、$L_4=3L_3$ 的关系。那么，求解的是 W_3 和 W_4 的重量以及 L_{12} 和 L_{34} 的长度比。

点 1 和 2 的平衡状态是因为以各自的支撑点为中心的总力矩为零，所以建立等式（1）$W_1L_1-W_2L_2=0$ 以及等式（2）$W_3L_3-W_4L_4=0$。支撑点 3 的平衡状态是将从点 1 承受的总重量和点 2 承受的总重量所产生的力矩和为零，于是建立了等式（3）$(W_1+W_2)L_{12}-(W_3+W_4)L_{34}=0$。虽然假设了点 1 ~ 3 的力矩是向左旋转为正、向右旋转为负，最后取总和为零，其实可以不用考虑方向符号，在等式两边分别列“左旋转 = 右旋转”，也是一样的。

图 1　踩脚踏板和扳动扳手

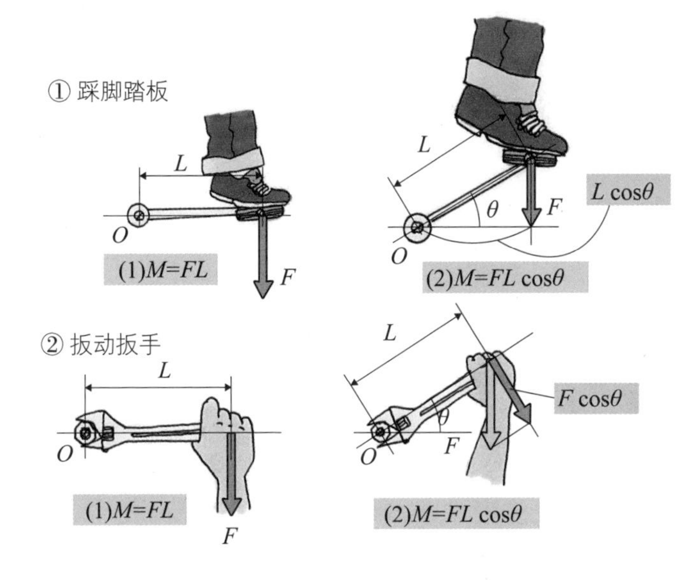

图 2　装饰吊挂的平衡

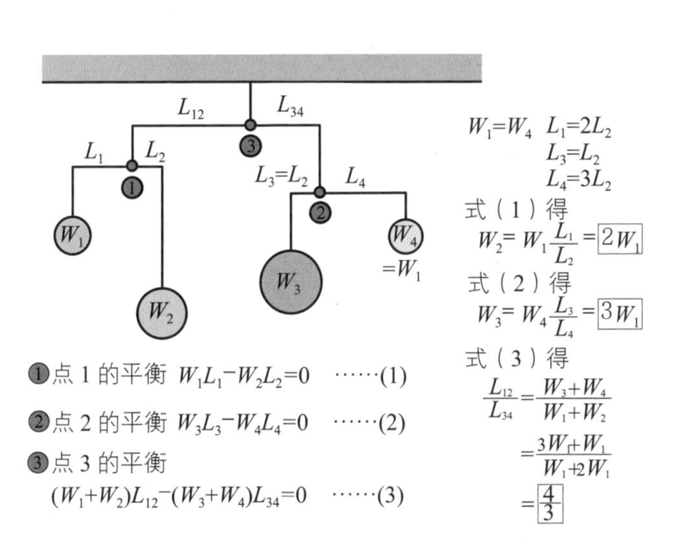

❶点 1 的平衡 $W_1L_1-W_2L_2=0$ ……(1)

❷点 2 的平衡 $W_3L_3-W_4L_4=0$ ……(2)

❸点 3 的平衡

$(W_1+W_2)L_{12}-(W_3+W_4)L_{34}=0$ ……(3)

$W_1=W_4$　$L_1=2L_2$

$L_3=L_2$

$L_4=3L_2$

式（1）得

$W_2=W_1\frac{L_1}{L_2}=\boxed{2W_1}$

式（2）得

$W_3=W_4\frac{L_3}{L_4}=\boxed{3W_1}$

式（3）得

$\frac{L_{12}}{L_{34}}=\frac{W_3+W_4}{W_1+W_2}$

$=\frac{3W_1+W_1}{W_1+2W_1}$

$=\boxed{\frac{4}{3}}$

3-20 作用于物体上的力的平衡——平衡与重心

在平面坐标上，我们来思考一下作用在物体上的力的平衡。

图 1 中的①所示的是作用在物体上的两个力 F_1、F_2 的作用点不同的合成例子。我们知道，力即使在其作用线上移动，产生的效果也不变。因此，延长两个力的作用线，将两个力的作用点移动到交点位置。于是，就成为作用在 1 点的矢量的合成力，就能够利用平行四边形定则来求解合力 F。

图 1 中的②所示的是相互平行的两个力作用在物体上的例子。因为两个力的方向相同，所以合力是 $F=F_1+F_2$。

在这里，将力 F_1、力 F_2 及合力 F 的 X 坐标分别设为 x_1、x_2 及 x。两个力到原点的力矩之和与合力的力矩是相等的。这个关系可以用式（2）$F_1x_1+F_2x_2=Fx$ 表示。利用式（2）求解出的合力 F 作用点的 X 坐标值就是式（3）$x=(F_1x_1+F_2x_2)/F$。

图 2 就是利用图 1 中②所示的方法来求解质量为 m 的物体的重心 G 的方法。首先，将物体分为可以知道重心的两个物体。于是就形成了质量 m_1、重心 $G_1(x_1, y_1)$ 和质量 m_2、重心 $G_2(x_2, y_2)$ 的两个长方形。

然后，沿着 X 轴方向和 Y 轴方向，分别建立如图 1 中的②所示的等式（2）的公式，并将其变换为公式（3）的形式。这样就能够求解出重心 $G(x, y)$。

因为厚度均匀的物体的质量 m 在 XY 平面上与图形的面积成正比，所以若知道物体的形状和尺寸，就能够用面积来代替质量，求出物体的重心 $G(x, y)$。平面图形的重心称为形心。

图 1　作用点不同的力的合成

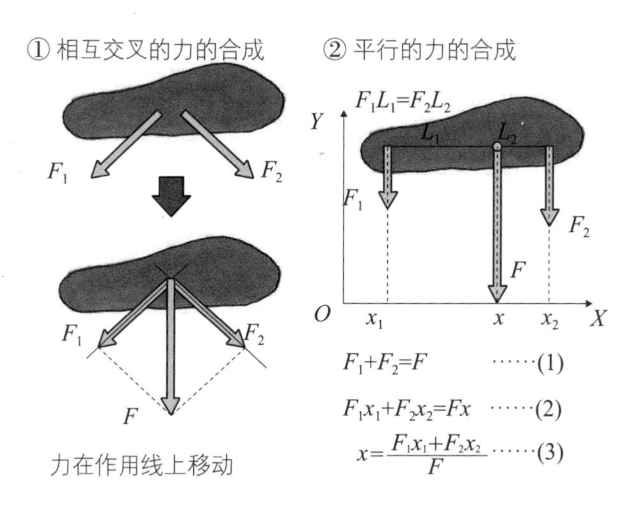

图 2　求重心

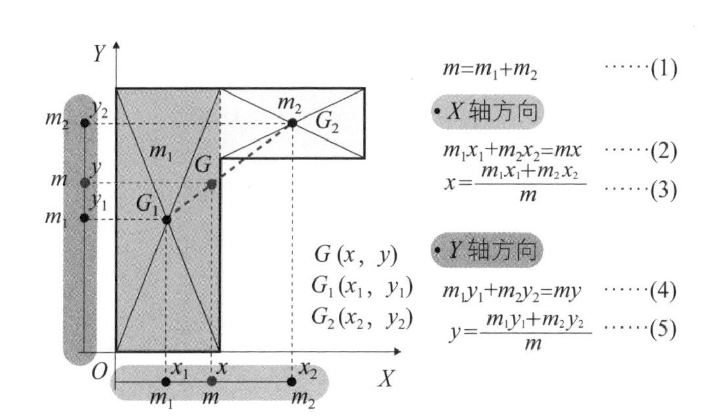

3-21 推动箱子而不倒——关键是箱体的宽度

如图 1 所示，将箱子放置在桌子上，推动箱子的高度如①～③所示那样不断变化，在哪一点推动时箱子会向前方倒？如图 1 的①中所示，像 3-20 节的那样，在力的作用线上移动 F 和 W，形成合力 F_w。若 F_w 的作用线与桌子表面的交叉点 P 是在箱子和桌子的接触面上，则箱子是稳定的。

如果在点 P 产生了垂直阻力 N，那么就会产生静摩擦力 f。箱子是在 W 与 N、F 与 f 以及 F_w 与 R 的力的平衡下保持稳定。F 和 W 构成的力的四边形因推箱子点 h 的变化而改变。

图 1 中，②所示的是力平衡的极限点。如果 h 的高度超过②所示，如③所示那样高，点 P 就超出箱子的端点 O，跑到接触面的外面。于是，箱子就在点 O 被卡住。

那么，我们来分析一下物体顺利滑动的条件。

如图 2 所示，在静摩擦因数为 μ 的地面上用力 F 在 h 处来推宽度为 b 的箱子。箱子的高度即重心 G 的高度是多少？在这个例子中不涉及重心。设箱子的端点为 P。

如图 2 中的①所示，以点 P 为中心，寻找箱子左旋转和右旋转的力矩。作用力只有 F 和 W 两个。因为静摩擦力 f 的作用线通过点 P，所以它不产生力矩。

如图 2 中的②所示，由力矩的平衡等式（1）$Wb/2-Fh=0$，得到算式（2）$F=Wb/(2h)$，求解而得到 F。

如图 2 中的③所示，因为 F 和 f 相等，由公式（3）$Wb/(2h)=\mu W$，变化而得到算式（4）$h=b/(2\mu)$，求解而得到 h。

求解而得到的结果与力、重量及重心位置无关，箱子的宽度越大越容易滑动，滑动时力的高度 h 越大。令人感到意外吧！

图 1　不推倒的极限？

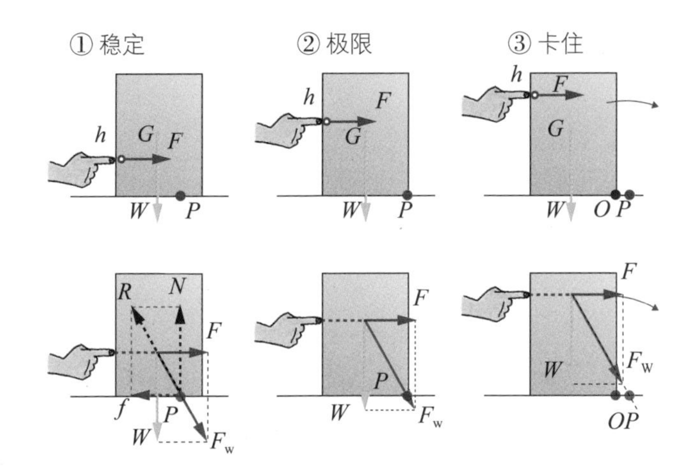

图 2　思考极限高度

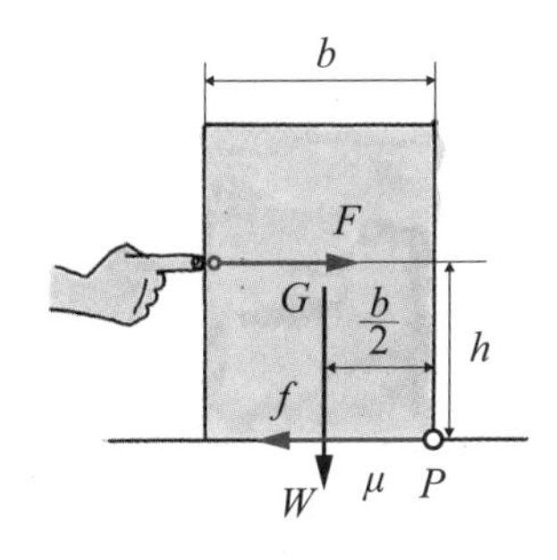

h: 力的高度

F: 力

b: 宽度

μ: 静摩擦因数

① 以点 P 为中心

逆时针旋转的力矩：$W\frac{b}{2}$

顺时针旋转的力矩：Fh

② 由力矩的平衡得：

$$W\frac{b}{2}-Fh=0 \quad \cdots\cdots(1)$$

$$F=\frac{Wb}{2h} \quad \cdots\cdots(2)$$

③ 由推力 = 静止摩擦力的平衡得：

$$F=f=\mu W$$

$$\frac{Wb}{2h}=\mu W \quad \cdots\cdots(3)$$

$$\boxed{h=\frac{b}{2\mu}} \quad \cdots\cdots(4)$$

3-22 力矩的作用——力偶和力矩引发的力

让我们分析一下生活中的力矩。如图 1 所示，扭转容器瓶盖使其打开或封闭时，或旋转较大的手柄时，产生了大小相同、方向相反的力平行作用在瓶盖或手柄上。这样的力称为力偶。

力偶不像互成角度的多个力或平行作用于相同方向的多个力，它不能合成。受到力偶作用的物体不会移动只会旋转。所以，在只想利用转动效果的场合时，可以选择自然产生力偶的状态。

使力偶产生旋转的能力称为力偶矩，用力的大小和两个力作用线间的垂直距离的乘积表示。

接下来，我们来分析一下由力矩产生的力的大小。

图 2 中所示的自行车的脚踏板是通过带动装在曲柄的旋转轴上的链轮旋转，从而带动链条移动。最终，链条带动后轮旋转。蹬踩脚踏板时，力臂 L 与脚的蹬踩力 F 的乘积即力矩 $M=FL$ 施加给了旋转轴的中心 O。这个力矩也会施加给装在旋转轴上的链轮。作用于链轮上的力矩是链轮半径 R 和链条上的力 T 的乘积即 $M=TR$。于是，链条上得到施加的增大的力 $T=FL/R$。

扳手也是同样的原理，在半径为 R 的螺钉外侧施加 $T=FL/R$ 这一强大的力。所以，如果施加的力过大，有时就会发生螺纹牙损坏现象。

图1 力偶矩

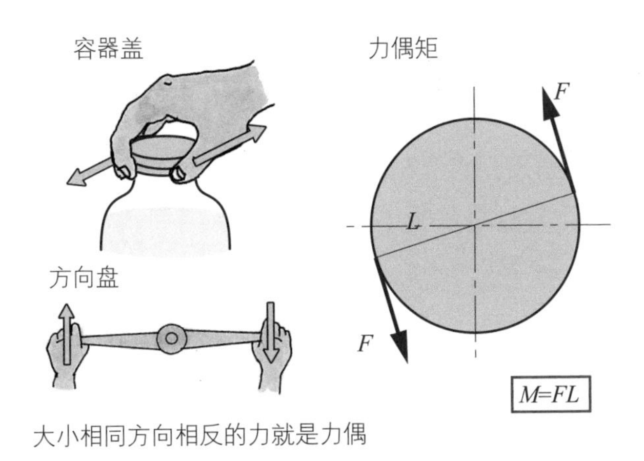

图2 产生力矩的力

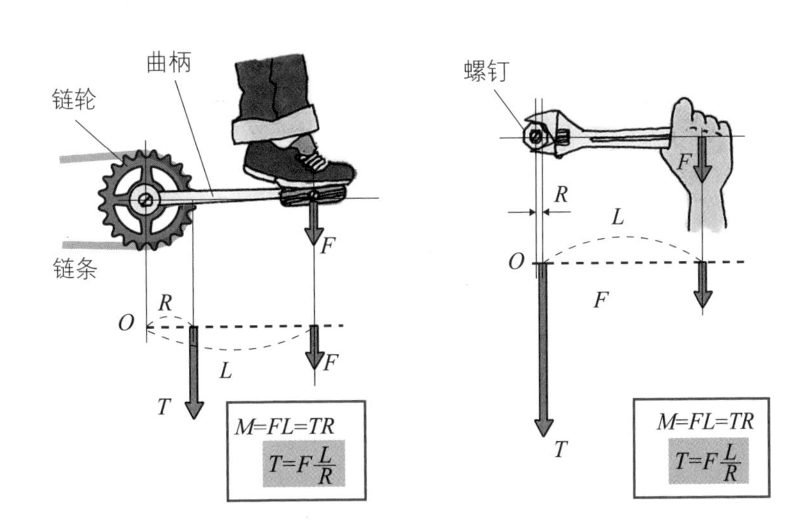

力矩与扭矩

在汽车等领域，有我们所熟悉的“扭矩”这一术语。它是与力和运动相关的术语。扭矩是本书涉及的力矩的同义词，主要是在机械工程领域使用的术语。

力矩是使物体旋转的能力。产生力矩的原因有质量、物体的形状、电磁以及物体的变形等各种各样的因素。其中，由力产生的转矩就是力的力矩。

在机械工程领域中，涉及的有发动机或电动机等旋转轴的扭矩、拧螺钉用到的扭矩等。

即使在机械工程中，在平衡等情况下也使用力矩这个术语，其他情况下的力矩都会使用如 *XX* 矩、*YY* 矩这样的称呼。将力矩中的哪一个称为扭矩，这样明确的区分标准是笔者也不清楚的。

通常，使轴扭转的力矩称为扭矩。

在机械工程学中，大家都希望使用通用的术语越短越好，所以，作为大众也认可的行业规则，扭矩已普及。

现在，随着汽车的电子控制及电动自行车的普及、机器人以及自动控制等，扭矩及扭矩传感器这一用语也正在普及。

No

Data

第 4 章

功与能量

功与能量是我们经常听到的词汇。这或许是考虑它们即使是在力学中，也是与生活密切相关的。大家在搬运货物时或者骑自行车等的日常生活中常常会体验到本章的内容。

4-1 体验功的定义——力学上的功

如同在 1-14 中说明的那样，力学上对功的定义是“给物体施加力使其移动”。功的大小等于力与距离的乘积，单位使用的是具有固有名称的导出单位 J（焦耳）。

如图 1 中的①所示，物体沿着力 F 的作用方向，仅仅移动了位移 s 的情况下，物体所做的功 W 就是 $W=Fs$。图 1 中的②所示的是物体的运动方向与力的作用方向成 θ 角的例子。这个时候，先求出沿着物体运动方向的分力 $F_x=F\cos\theta$，再求出它与移动距离的乘积。

在①和②所示的例子中，你可能会疑惑为什么都没有考虑物体的质量和摩擦。这是因为不管物体质量和摩擦的大小如何，施加给物体使其移动的力都被设定为 F。

如图 2 所示，我们来体验一下 1J 的功。100g 物体的重力大约为 1N，则在用 1N 的向上的力将这个物体提升到 1m 的高度时，就可以说提升力对物体做了 1J 的功。

那么，也许就会产生这样的疑问：“用 1N 的力能够提升 1N 的物体吗？”的确，向上与向下的 1N 的力平衡，静止的物体就会保持不动。但是，在图 2 的位置 1 时，手瞬间给物体施加了向上的力，如果开始运动后立即就变成匀速运动的话，则由惯性定理可知两个作用力平衡的物体保持其运动。然后，在即将达到位置 2 时，瞬间给物体施加向下的力，物体就停止不动了。

因为在位置 1 时力瞬间对物体做了向上的正功 $+W$，在位置 2 时力瞬间对物体做了向下的负功 $-W$，所以功的总和是在等速运动期间所做的功，即 $W=Fs$，物体做了 1N 的功。

图 1　功的定义

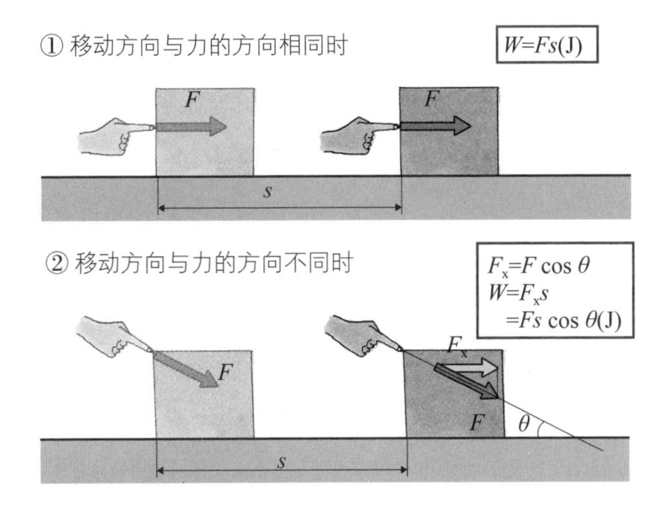

图 2　体验做 1J 的功

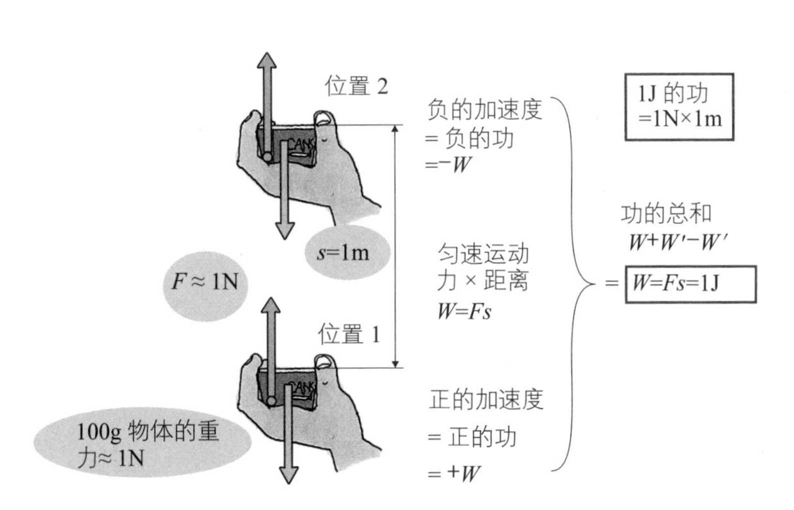

4-2 在厨房进行的实验——力和功

让我们看一看能够在厨房进行的简单实验。请在水杯中加入 300g 左右的水，这就完成了实验的准备。

如图 1 所示，在保持水不晃动的状态下，手腕平缓地将水杯水平移动 1m 左右的距离。这就完成了实验。

怎么样，感觉到力对水杯做功了吗？我想恐怕没有感觉到做了功。

从绘制的速度曲线和加速度曲线中，就可以看出加速度在开始移动水杯和结束移动水杯的瞬间出现了。因为产生了惯性力，所以做了正功和负功。但是，这两个正功和负功相互抵消了。在平缓移动的区间，因为加速度为零，进而力也是零，所以做的功也为零。就是说在这个平缓移动过程中，没有对水杯做功。

如图 2 所示，能够引发水猛烈晃动那样地强烈而迅速地将水杯直线移动 1m 左右的距离。这次你应该能感觉到对水杯做了功。

这个运动就是匀变速运动。大致绘制出速度曲线和加速度曲线，从图 2 中可以看出，手给水杯施加了运动方向的力 F_x，也就是说“功 = 力 × 距离”的关系成立。

按照给出的所需条件来进行大致计算得到如图 2 右侧所示的结果。依据这个计算能够解释到目前为止的基础概念。

图 2 中式（1）$s=1/2at^2$ 是匀变速运动；式（2）$F_x=ma$ 是力的定义；式（3）$W=F_xs$ 是功的定义。计算结果 2.4J 则意味着其所做的功等同于将 240g 的物体垂直提升了 1m 所做的功。计算过程中重力加速度 g 设为 $10m/s^2$。虽然实验和计算都不严谨，但可以让我们清晰地理解力与功的关系。

图 1　功为零

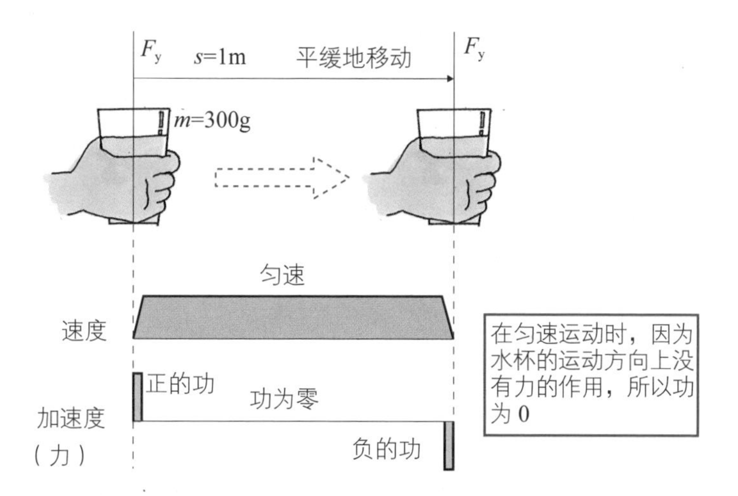
F_y
s=1m
平缓地移动
F_y
m=300g
匀速
速度
正的功
功为零
加速度
（力）
负的功
在匀速运动时，因为水杯的运动方向上没有力的作用，所以功为 0

图 2　做功

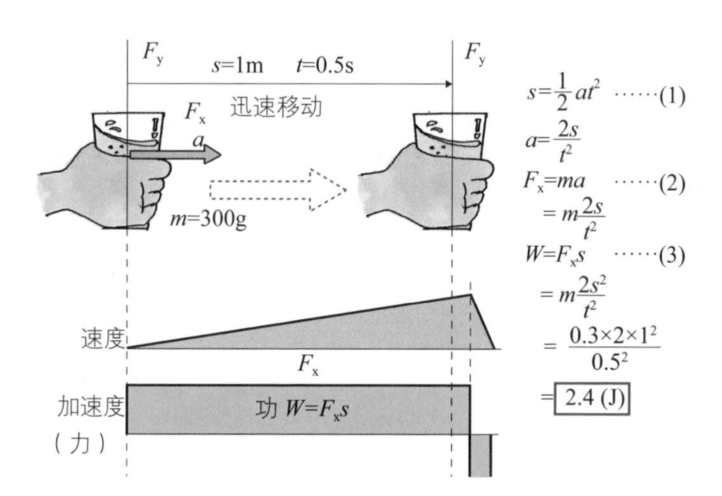
F_y
s=1m　t=0.5s
F_y
F_x
迅速移动
a
m=300g
速度
F_x
加速度
（力）
功 $W=F_xs$
$s=\frac{1}{2}at^2$ ……(1)
$a=\frac{2s}{t^2}$
$F_x=ma$ ……(2)
$=m\frac{2s}{t^2}$
$W=F_xs$ ……(3)
$=m\frac{2s^2}{t^2}$
$=\frac{0.3\times2\times1^2}{0.5^2}$
$=$ 2.4 (J)

4-3 做功不易——滑轮做功

思考一下，图 1 的动滑轮是如何做功的？假设忽略滑轮和绳索等的重量与阻力。

图 1 中的①所示的是力平衡的状态。因为货物重量的 100N 被支撑动滑轮的天花板的 A 点和手持的 P 点两点均等分担，所以绳索的拉力为 50N。因此，与它相平衡的力 F 也是 50N。

如图 1 中的②所示，思考了如何分解力与货物各自所做的功。若货物和动滑轮都只提升了 s 距离的话，则挂在动滑轮两侧的绳索就分别提升了 s 距离。因为绳索的长度是固定的，所以施加了力的 P 点提升了 $2s$ 的距离。以 s=1m 为例，图 1 中式（1）得到的人所做的功 $W=2Fs$，与式（2）得到的作用于货物的功 $W=mgs$ 所得出的结果都是 100J。虽然提升动滑轮的力只有货物重量的一半，但因为移动距离是其 2 倍，所以做功的量是同样的。

如图 2 所示，设每个滑轮的重量为 2N，连接 3 个动滑轮，悬挂重物的横梁装置的重量为 6N，重物向上提升 1m 的距离。因做功而被提升的货物为 A。货物 A 的总重量是 612N，通过设在货物 A 上面的虚拟分割线 B 可知，货物 A 与绳索有六个交点，它们平均地分担了货物 A 的重量。也就是说，每个交点处的拉力都是 102N，这就是式（1）中的力 F。

因为货物 A 提升了 1m 的距离，力 F 就拉动绳索移动了 6m 的距离。求解力所做的功等于“力 × 距离”，则作用于货物 A 的功用式（2）计算得出的结果为 612J，而力 F 做的功用式（3）计算得出的结果为 612J，结果两者相等。

最后用验算的方法，只需确认式（4）得到的向上力的总和与式（5）得到的向下力的总和，两者平衡即可。

图 1　动滑轮的功

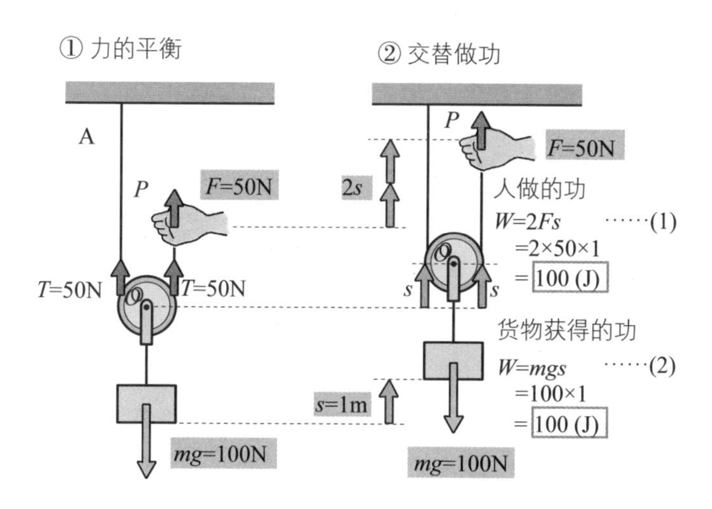

图 2　滑轮组的功

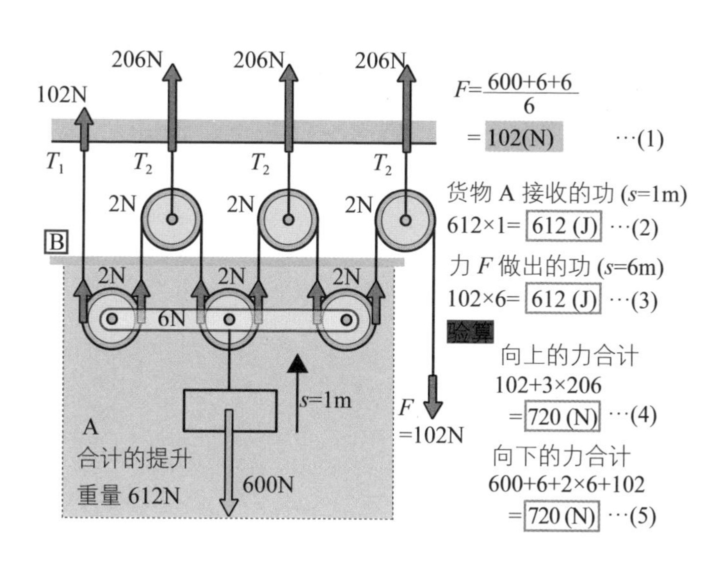

4-4 利用三角形做功的智慧——斜面上做功

利用斜面可以用较小的力巧妙地实现同样大小的功所做到的事。让我们从力学的角度思考一下它的原因吧！

在图 1 中，为了让 50N 的货物升高到 1.5m 的高度，A 先生利用了斜面来提升，而 B 先生则是采用垂直提升的方法。若忽略摩擦等的阻力，可以比较一下两个人所做的功。

A 先生的提升过程中，需要用的力为 F_A=25N，移动的距离是 3m，也就是说 A 先生所做的功是 25 × 3=75(J)（如图 1 中的①所示）。B 先生的提升过程中，需要用的力为 F_B=50N，移动距离是 1.5m，也就是说 B 先生所做的功是 50 × 1.5=75(J)（如图 1 中的②所示）。

从①与②所示的两种结果来看，A 先生与 B 先生所做功的量是相同的。但是，A 先生所需要用的力却是 B 先生的一半，所以巧妙之处就在省力。不过，由于移动的距离长了，其所做的功也并不少。

实际上，由于斜面上存在着摩擦，所以 A 先生必须使出 25N 以上的力，但是即便如此还是比 B 先生更容易提升货物。

工具钎子具有与斜面同样的效果。在采石场，人们常采用通过将钎子打入巨石中来劈裂巨石或是在劈裂的石块下面打入钎子而使巨石抬高。打入钎子的主要目的，不仅仅是距离的移动，还在于作用在其身上的功所产生的巨大的力。

如图 2 所示，施加的力 F 在与钎子表面的直角方向分解成了两个巨大的分力。钎子的尖端角度用 2θ 表示，则这个分力就如公式所表示的那样与 $\sin\theta$ 成反比。由于 $\sin\theta$ 的值小于 1，因此，由图 2 能清晰地看到，θ 的角度越小其分力就越大。

图 1　斜面与功

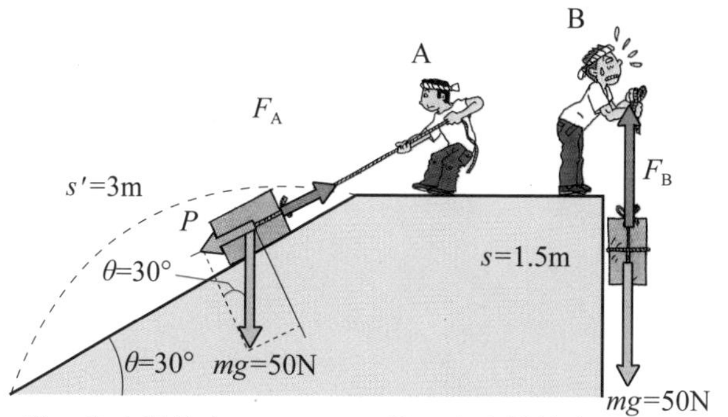

① A 先生做的功

F_A=P=$mg\sin\theta$=50/2= 25 (N)

W_A=$F_A s'$=25×3= 75 (J)

② B 先生做的功

F_B=mg= 50 (N)

W_B=$F_B s$=50×1.5= 75 (J)

图 2　钎子与功

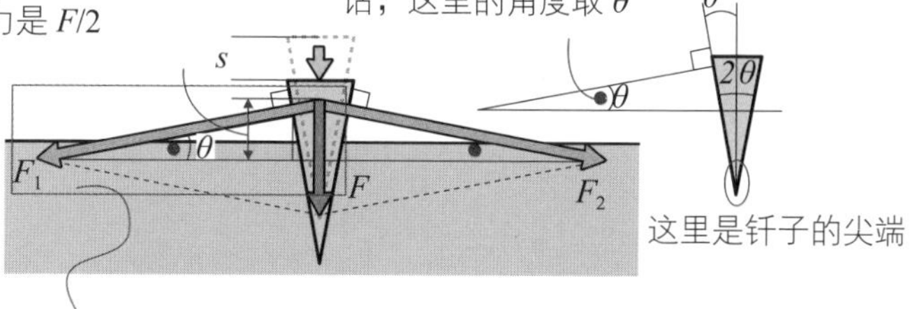

考虑到分力 F_1

这是 sinθ

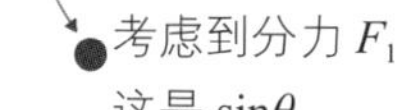

$\sin\theta=\frac{1}{F_1}\times\frac{F}{2}$

θ 越小，F_1 就越大

因为 F_1 与 F_2 相等

$$F_1=F_2=\frac{F}{2\sin\theta}$$

4-5 功与能量的关系

能量是做功能力的量度。让我们用下面的具有创意的推拉门来解释能量与功的关系。

图 1 所示的是在某一饮食店里的推拉门。我注意到门的动作很有力学特征，在没有客人的时候，仔细分析了它的工作原理。悬挂重锤的钢丝绳通过定滑轮安装在推拉门上。重锤处于最下端的时候，通常推拉门是关闭的状态，钢丝绳的长度和重锤的重量取决于推拉门关闭的状态。当人开门的时候，重锤就被抬起，人手一旦离开了门，重锤就下降，进而将门自动关闭。

在店员送来点的菜品时，我发现了推拉门的巧妙之处。店员将重锤放置在门柱旁边横设的隔板上，那时推拉门就处于不能自动关闭的状态。轨道、滑轮以及钢丝绳的阻力能够适度地影响推拉门的活动。

让我们从力学的角度来分析一下。在图 2 中的①所示的情况下，人拉门而进则向上抬起了重锤。重锤提升的位移，就是人对门所做的功，并使重锤的能量增加。在门静止不动时，也就停止了重锤能量的增加。

人的手一离开门，如图 2 中的②所示的那样，重锤在重力的作用下一边下降，一边使推拉门发生移动。随着重锤的下降，重锤作用于推拉门的功就有所增加，而重锤所拥有的能量就有所减少。重锤最终下落到地板上时，重锤作用于推拉门的功就变成了最大值，重锤所拥有的能量就变成了零。

从这个例子明白这一道理：作用于物体的功等于物体自身能量的增加，物体自身能量的减少也等同于它所做的功。

图 1　利用重力关闭的推拉门

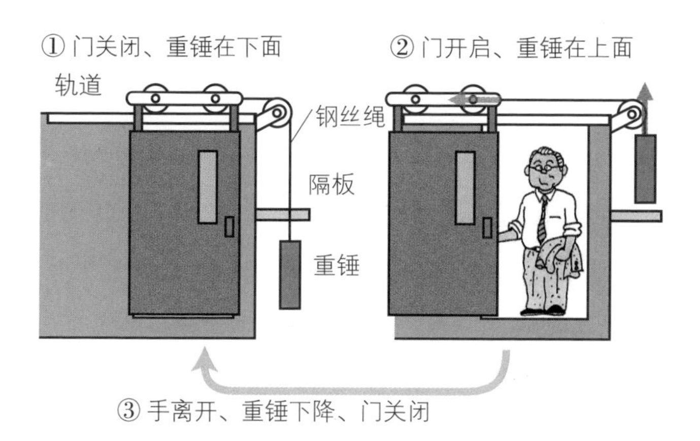

图 2　功⇔能量

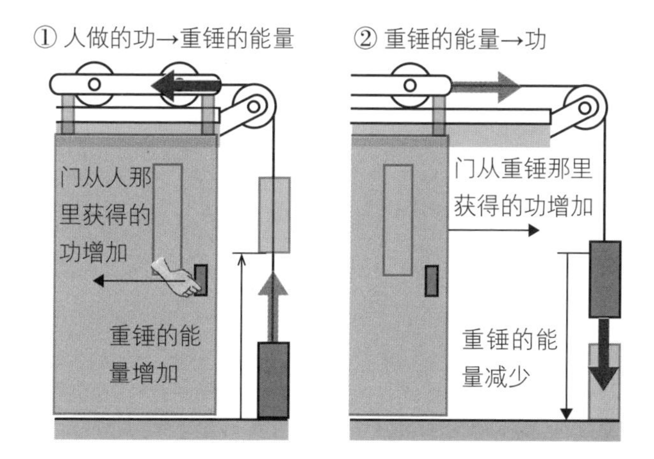

4-6 经典力学中物体的能量——机械能

自然界中存在着各种各样的能量，在牛顿力学中称为机械能，包括下面两种。

· 动能：物体由于运动而具有的能量。

· 势能：物体由于高度而具有的能量。

因为能量和功之间能够相互转换，所以单位都是 J。

如图 1 所示为以质量和速度为组合条件而产生的动能 T 的大小，包括质量 1kg 的物体分别与速度 1m/s 和 2m/s 两种速度的组合而产生的动能 T 的大小；质量 2kg 的物体分别与速度 1m/s 和 2m/s 两种速度的组合而产生的动能 T 的大小。**动能的大小与质量和速度平方的乘积成比例。**

在骑自行车踩刹车的时候，又重又快的车就越不容易刹车，这是因为为了使动能为零就必须做更大的负功。

图 2 所示为质量 1kg 与质量 2kg 的物体分别在高度 0.5m 和 1m 的两个位置时，所具有的因重力所产生的势能 U 的大小。**势能的大小与质量和高度的乘积成比例。**

牛奶包装盒从手中滑脱而落到地板上的时候，如果滑落的高度只有 30cm，也就是包装容器出现一些凹陷；但如果是从 1m 的高度滑落，容器就有可能损坏了。这是因为位于更高处的物体能够做更大的功，所以给予容器的损害就更大。

在这里需要注意的是因为能量是一种能力，所以能一直保持做功的状态。图 1 中所示的物体是不管到哪里都在一直做匀速运动；图 2 中所示的物体是不管到何时如果不保持它原有的高度，其势能的大小就会发生变化。**能量的大小是能量一直到变为零的过程中物体所做的功的量，也就是说能量可以表示为物体做功的能力。**

图 1　动能

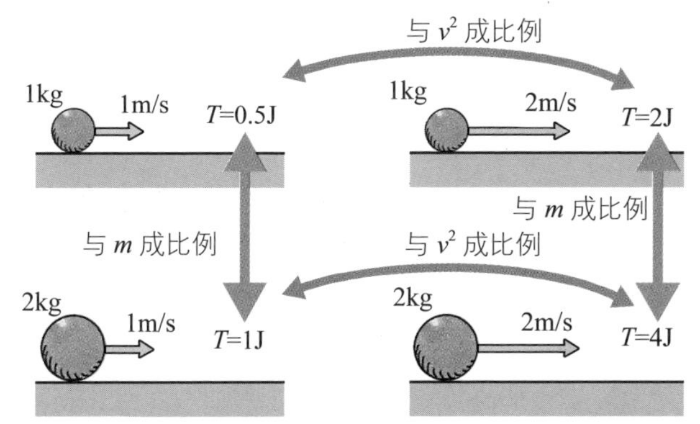

物体越重、速度越快，其能量就越大

图 2　势能

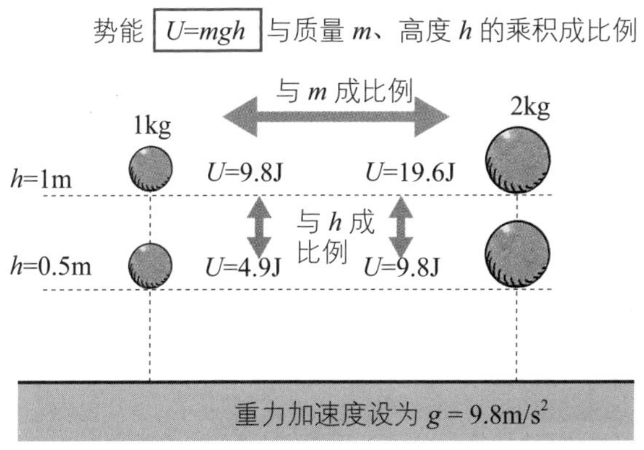

物体越重、越高，其能量就越大

4-7 弹簧的做功与能量——弹性势能

在按压式圆珠笔或自动铅笔中，我们对按压式圆珠笔所做的功都被笔中内置的弹簧转换成了能量。那么我们来看看弹簧是如何做到这一点的。

如图1中的①所示，当固体受到力作用的时候，与力成比例地产生了微小的变形，而力消除后就又恢复到原来的形状。这个性质称为**弹性**。如果设比例系数为 k 的话，则力 F 和变形量 x 的关系就可用 $F=kx$ 来表示，比例系数又称为**劲度系数**。这种关系就是以发明者的名字来冠名的**胡克定律**。在这里需要指出的是，胡克定律原本并不只限于弹簧。

在图1中的②所示场合的弹簧也是因为力 F 和变形量 x 在一定范围内成比例，所以适用于胡克定律，它们之间的关系可表示为 $F=kx$。劲度系数 k 的单位是导出单位N/m。

如图1中的②所示，当施加给弹簧20N的力 F 时，弹簧伸长了0.1m，此时 $k=F/x=20/0.1=200$(N/m)。

如图2所示，螺旋弹簧的一端连接了一个重物，在力 F 的作用下使弹簧只伸长了 x。将伸长量和力绘制成曲线时，直线的斜率就是劲度系数 k，图中三角形的面积 W 就是力对弹簧所做的功。

当功作用于弹簧时，如果弹簧不发生反弹而又保持了这一伸长的量，这个弹簧就存储了能量。这种能量称为**弹性势能**。弹性势能是因弹簧伸长了 x，即移动了这段距离而所具有的势能。例如，劲度系数为400N/m的弹簧伸长了5cm后停止时，弹簧所具有的弹性势能就是0.5J。

图 1　胡克定律和劲度系数

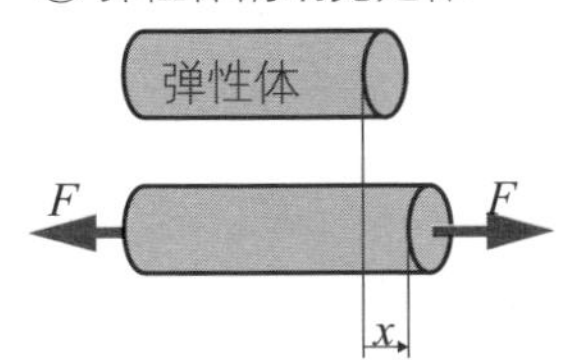

② 弹簧的情况

x=0.1m

F=20N

胡克定律 $\boxed{F=kx}$

- 固体的弹性体
  k：劲度系数
- 弹簧
  k：劲度系数

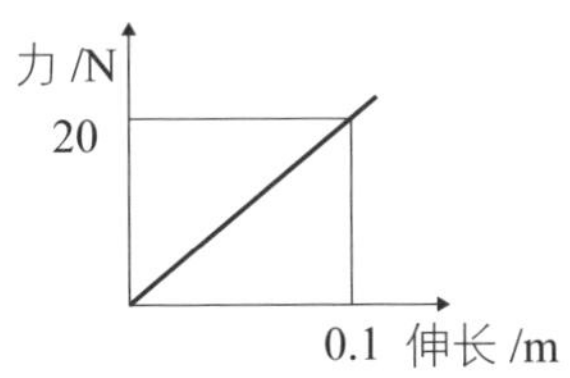

$$k=\frac{F}{x}=\frac{20}{0.1}=\boxed{200\ (\mathrm{N/m})}$$

图 2　弹性势能

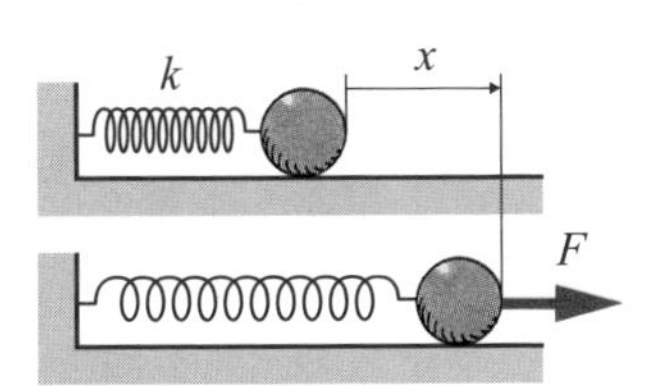

弹簧获得的功

$$W=\frac{1}{2}Fx$$
$$=\frac{1}{2}kxx=\boxed{\frac{1}{2}kx^2}$$

弹簧具有的弹性势能

$$U=\boxed{\frac{1}{2}kx^2}$$

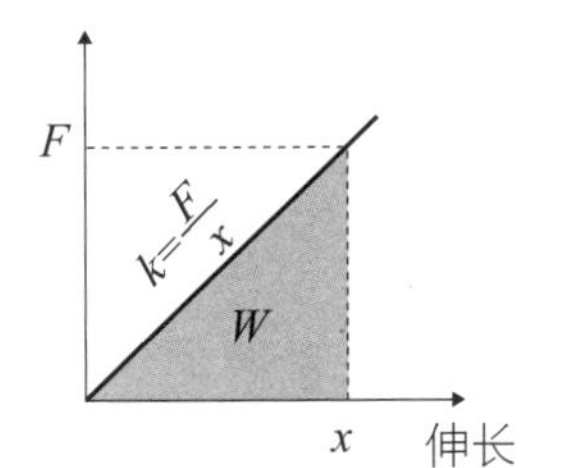

k=400 N/m 的弹簧伸长 0.05m 时

$$U=\frac{1}{2}kx^2=\frac{1}{2}\times 400\times 0.05^2$$
$$=\boxed{0.5\ (\mathrm{J})}$$

4-8 存储能量的重力——机械能守恒定律

我们从下面的角度来看看物体的势能。

如果沿与重力相反的方向提升物体到高处并保持其高度的话，作用于物体的功就被存储起来。并且，由于重力始终吸引着物体，因此作用于物体的功就以势能的形式被存储。重力因为是能够以势能的形式存储的施加给物体的力，所以称为保守力。

首先，势能的大小仅取决于物体的高度。也就是说，无论提升物体的路径如何，物体的高度一致则其所做的功就相等。另外，重力吸引物体所做的功的大小也仅取决于物体的高度。也就是说，无论吸引物体的路径如何，物体的高度一致则重力作用于物体的功就相等。这就是保守力的性质（见图 1）。

其次，我们来看看物体的自由落体与重力之间的关系。在自由落体中，作用于物体的力只有重力。

如图 2 中所示，物体从状态 1 向状态 2 运动时，因为物体的速度增加，所以物体的动能也增加。重力对物体所做的功相当于势能减少的那部分能量。因为这两个相等，所以式（1）成立。将式（1）的左边变换为状态 1、右边变换为状态 2 后得到式（2）。这就表明了无论是何种状态，势能与动能的总和是相等的。这个可以用式（3）来表示。

这样考虑的话，只受到重力即保守力作用而运动的物体，无论物体在什么高度，其势能与动能之和即机械能都是恒定的，这就是机械能守恒定律。

图 1　重力是保守力

① 重力与势能　　② 重力做的功

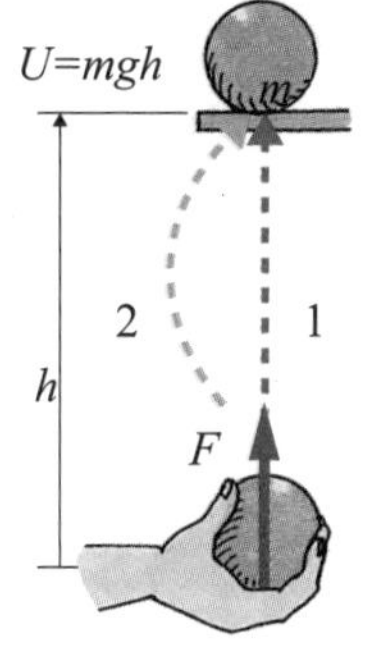

W=Fh

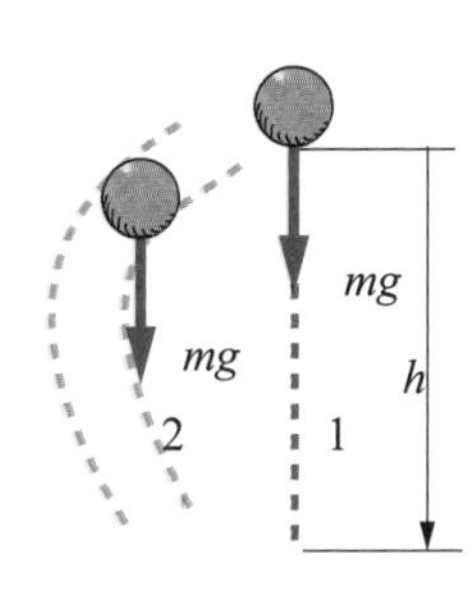

无论是与重力相反的方向提升物体所做的功还是重力对物体所做的功，其值都是 *mgh*，与路径无关

图 2　机械能守恒定律

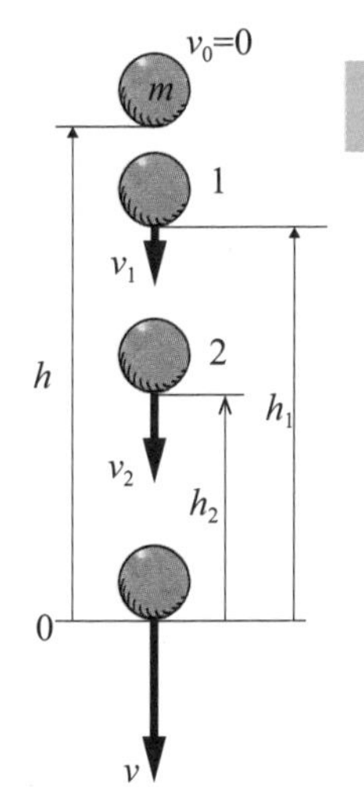

在物体从状态 1 移动到状态 2 的运动过程中作用于物体的能量　　重力所做的功

$$\frac{1}{2}mv_2^2-\frac{1}{2}mv_1^2=mgh_1-mgh_2 \quad\cdots\cdots(1)$$

状态 1　　状态 2

$$mgh_1+\frac{1}{2}mv_1^2=mgh_2+\frac{1}{2}mv_2^2 \quad\cdots\cdots(2)$$

无论哪种状态，式（2）都是成立的

$$E=mgh+\frac{1}{2}mv^2=\text{恒定} \quad\cdots\cdots(3)$$

机械能守恒定律是指势能和动能的总和是恒定的

4-9 过山车的运动原理——机械能守恒定律的应用

利用电动机的动力过山车被提升至顶点，滑行之后就不受到任何力的作用，一直跑到终点。在复杂的轨道中，过山车是如何完成那些运动的呢？那就是因为它的运动遵守了机械能守恒定律。

这时，是否有人会认为“机械能守恒定律是不是就是自由落体运动？”在4-8节中，我们解释了“只受到保守力作用而运动的物体，无论物体在什么样的高度，其势能与动能之和即机械能总是恒定的”。过山车在滑动性能良好的轨道上，虽然受到重力和来自于与轨道垂直的支撑力的作用，但是因为支撑力总是与运动方向垂直，所以没有功的产生。因此，过山车只是在重力，也就是说只是在保守力的作用下而运动。而且，保守力的性质取决于它的高度，与通过的路径没有任何关系。因此，无论是怎么样的轨道，机械能都是守恒的（见图1）。

在这里，我们从机械能守恒定律的角度来探讨一下过山车的运动（见图2）。设过山车在顶点时的速度为零，而在最低点时的位置高度为零。用质量去除公式中的全部项，就消去了公式中的质量。于是，仅用自由落体运动时所解释的高度差就能求出变化后速度的计算公式。

使用这个公式，可以求解日本山梨县富士急游乐园的“富士山”（FUJIYANA）号过山车在高度落差为70m时的速度，计算的结果为135km/h。按照公式求解的最高速度与官方发表的最高速度130km/h相比，考虑到实际阻力的影响，两者大致是相同的。

图 1 过山车与机械能守恒

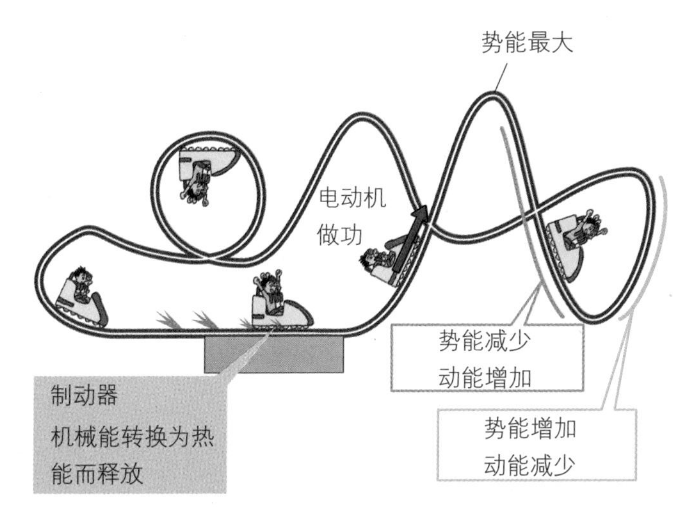

图 2 过山车的最高速度是多少?

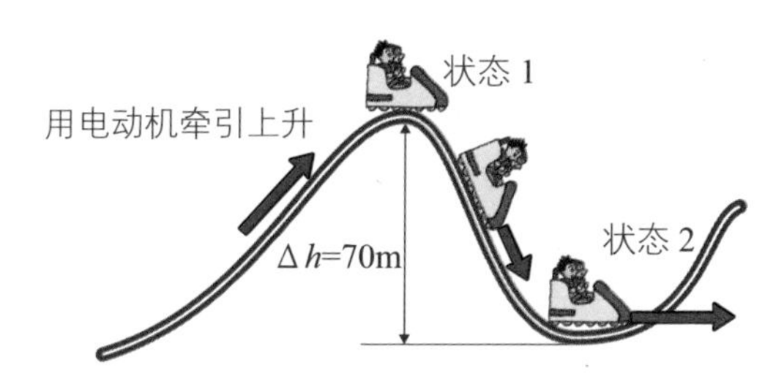

$$mgh_1+\frac{1}{2}mv_1^2=mgh_2+\frac{1}{2}mv_2^2$$ ……机械能守恒定律的公式

$$mgh_1=mgh_2+\frac{1}{2}mv_2^2$$

$$mg(h_1-h_2)=\frac{1}{2}mv_2^2$$

$$v_2=\sqrt{2g(h_1-h_2)}$$

……速度取决于高度差

最高速度的计算实例

$$v_2=\sqrt{2g(h_1-h_2)}$$
$$=\sqrt{2\times10\times70}\times3.6$$
$$\approx135(\text{km/h})$$

4-10 秋千的单摆运动——机械能守恒定律和摆动

好不容易让孩子坐到了秋千上，父亲静静地推动秋千的样子，作为单摆运动是非常适合来解释机械能守恒定律的。

不会自己荡秋千的孩子只能坐在秋千上，并不会使秋千运动。因此，父亲要把秋千提高到某一个高度。这时孩子从父亲那里获得了功，存储了势能。父亲一旦将手松开，孩子就会因自身重力从那个高度下降。孩子在通过最低点后，随着高度的增加，到达另一侧的最高点后再返回来（见图 1）。

在这个运动中，若忽略摩擦等阻力的话，作用的力就只有重力和支撑秋千的拉力。因为拉力与运动方向垂直，所以与运动有关系的力就只有重力。就是说，这是符合机械能守恒定律的运动。

将秋千的动作变换为拉线上系有重物的单摆运动，让我们从力学的角度看看其在最低点的速度。在这个运动中，必要的条件是拉线的长度，虽然能够消去质量，但在最初的阶段还是需要考虑一下质量的。将重物提升到一定高度，就可以利用拉线在垂直方向所形成的角度来考虑（见图 2）。

因为重物在提升点开始运动的那一瞬间只拥有势能，所以在最低点只拥有动能。由于两种能量的大小相等，将使用的机械能守恒定律的公式进行整理后，就得到与 4-9 节相同的速度取决于其高度差的求解计算式。作用在重物上的拉力与运动的方向无关。

图 1 荡秋千的父子

秋千与机械能守恒定律

0→1	父亲对秋千做功
1	势能最大
1→2	势能减少 动能增加
2	动能最大
2→3	势能增加 动能减少
3	动能为零

图 2 单摆运动

点 1 的势能 = 点 2 的动能

$$mgL(1-\cos\theta)=\frac{1}{2}mv_2^2$$

由上式，得到 $v_2^2=2gL(1-\cos\theta)$

$$v_2=\sqrt{2gL(1-\cos\theta)}$$

速度由高度差决定

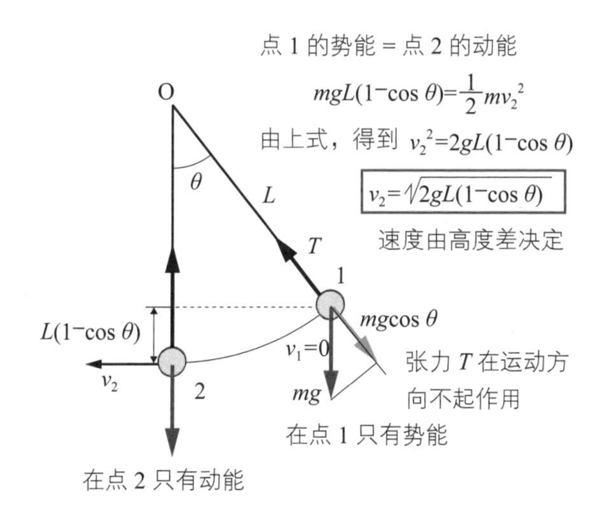

4-11 消耗机械能的力——非保守力

在比较光滑的表面上，以同样的速度推出数个物体让其滑动，即使是不同重量的物体其所停止的地点也大致相同。在日常生活中，你有留意到这一现象吗?

在只有保守力作用的运动中，机械能的总和是一定的。而且，由于在水平面上没有高度上的变化，物体保持了初始的速度，可以一直进行着匀速直线运动。

实际上，在与运动的物体接触表面有摩擦现象的发生，物体拥有的能量减少了因抵抗摩擦而做的功相等的分量。减少的能量主要以热和声的形式扩散到大气中。像摩擦力这样的作用力就是使能量减少的非保守力。

如右图所示，在有摩擦现象发生的水平地面上，以初速度 v 猛烈地推出质量为 m 的物体使其滑动，由于滑动过程中发生了动摩擦，则物体在滑行 s 距离后停止运动。我们探讨一下这个运动过程。

因为运动是在水平面进行的，所以因重力得到的势能没有变化。在推出物体的瞬间，施加于物体的能量只有右图中式（1）的$\frac{1}{2}mv^2$表示的动能。

因这个运动所产生的动摩擦力 f 在移动 s 距离期间，做的负功为 $mg\mu s$，此时有式（2）$\frac{1}{2}mv^2-mg\mu s=0$ 成立。将式（2）整理为求解 s 的公式，则得到质量 m 被消去的式（3）$s=v^2/(2g\mu)$。这也就是说，这个运动过程与物体的质量没有任何关系。

若设定初速度 v=3m/s、动摩擦因数 μ=0.3，那么物体大约可以滑行 1.5 m。由于在家里做这个试验可能会划伤自家的地板而得不偿失，建议去找找适合的场所来尝试一下这个试验，相信你会认同这个结果。

摩擦阻力做的功

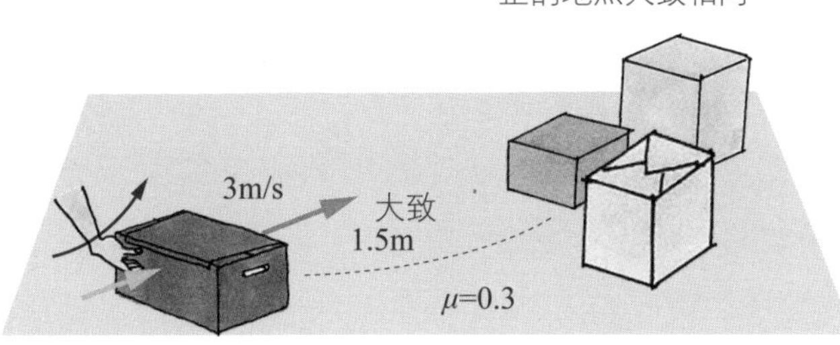

$\frac{1}{2}mv^2$ ……(1) 施加于物体的动能 T

$\frac{1}{2}mv^2-fs=0$

$fs=mg\mu s$ 动摩擦阻力做的功 U

$\frac{1}{2}mv^2-mg\mu s=0$ ……(2) $T-U=0$

$s=\frac{v^2}{2g\mu}$ ……(3)

$=\frac{3^2}{2\times10\times0.3}$

$=\boxed{1.5(\text{m})}$

- 重力加速度 g 设为 10m/s^2
- 动摩擦因数的值需多次试验适当确定

4-12 机械能与热能——功与热

物体因热而具有的能量称为热能，机械能可以简单地转化为热能。但是，热能无法自然而然地转换为机械能。研究热现象及规律的学科称为热力学，而热力学与力学密切相关。

如图 1 所示，运动的物体对应于摩擦力而做的功，会使物体速度减小的同时其拥有的机械能也在减少。于是，一旦物体所拥有的机械能消失，物体就停止了运动。消失的机械能作为热能暂时储存于物体内部与接触面并使物体的温度上升，最后向大气空间扩散而存储于大气中。

静止的物体即使提供了热能，物体也不会再运动。所以，机械能向热能的转换是单方向进行的。热能是物体间能量传递的方法之一，而温度是衡量热能状况的尺度。

如图 2 中的①所示，在热力学中，温度用热力学温度 T 表示。热力学温度是经典力学中以原子运动完全停止作为绝对零度的基准来表示的方法。因为绝对零度相当于日常使用的摄氏温度 t 的 −273.15℃，所以绝对零度与摄氏温度具有 $T \approx t+273$ 的关系。热力学温度的单位使用 K（开尔文）。

如图 2 中的②所示，在自然界中热是从高温物体向低温物体传递的。在热的传递过程中高温物体向低温物体提供了能量，经过长时间直到两个物体的温度变为相同时，热的传递就停止了。这个状态称为热平衡。

图 1　能量转换

摩擦力所做的功，使得机械能减少、热能增加、温度上升。热能最终向大气中扩散

自然发生的能量转换是单方向的

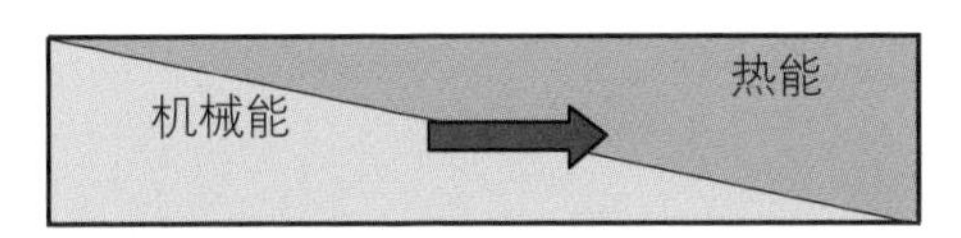

图 2　温度与热

① 热力学温度与摄氏温度

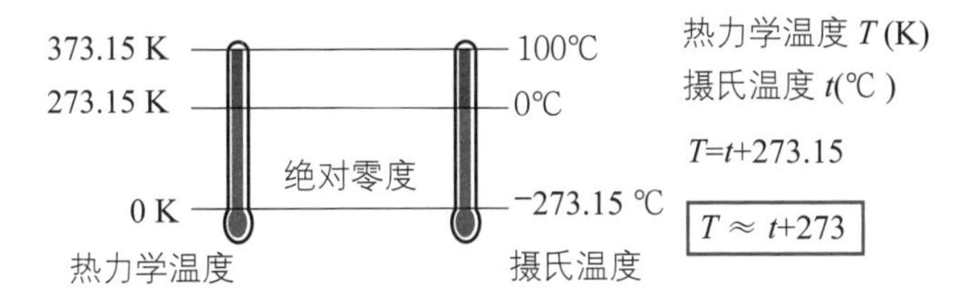

② 热的传递伴随着能量的转移

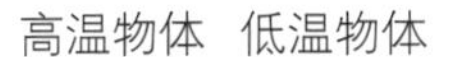

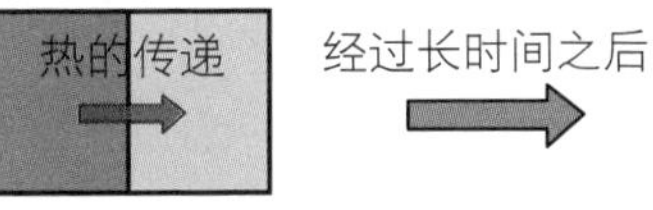

4-13 热传递能量——热运动与热量

如同因速度而具有的能量称为动能那样，与热一同传递的能量称为热量。如图 1 所示，物体吸收热量则温度就上升，而物体释放热量则温度就下降。即使热量的变化使得物体的能量增减，但在自然的状态下物体仍然是静止不动的。物体得到了热量使得构成物体的分子的动能增加，其结果就是物体的温度得以上升。如果释放出热量，分子的动能就减少，并使物体的温度降低。像这样，由于物体分子动能的增减而引起温度的变化说明了能量守恒定律是成立的。我们将分子的运动称为**热运动**，因热运动而形成的动能为了与机械能相区别，称为**内能**。

物体有容易加温的物体及容易冷却的物体等，物体对热的反应是各种各样的。我们将物体的温度提高 1 K 时所需要的热量称为**热容量**。热容量因物体的大小与物质的不同而有所差异，因此，我们将不同物质的单位质量的热容量称为**比热容**。

如图 2 所示，物体的热容量值越大，其对温度变化的阻抗也越大，也就是说温度越不容易发生变化。设物体的质量为 m（kg）、比热容为 c［J/（kg · K）］时，热容量 C 则可表示为 $C=mc$（J/K）。

物体的温度只有 ΔT 的变化时，其所需要的热量为 Q，$Q=C\Delta T=mc\Delta T$（J），它表示热传递时被传递的热能的大小。

图 1　热运动与温度变化

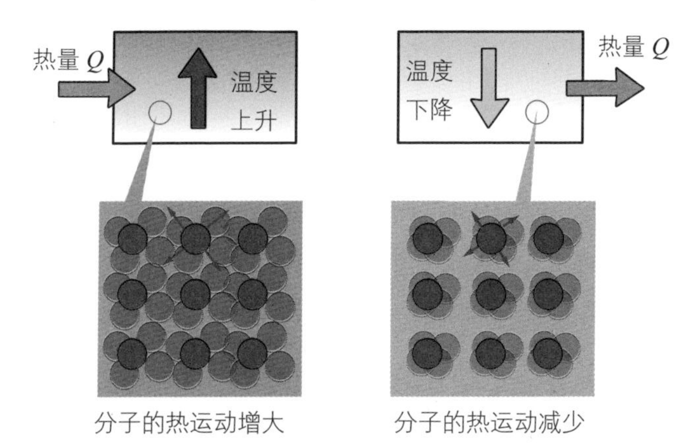

图 2　热容量与热量

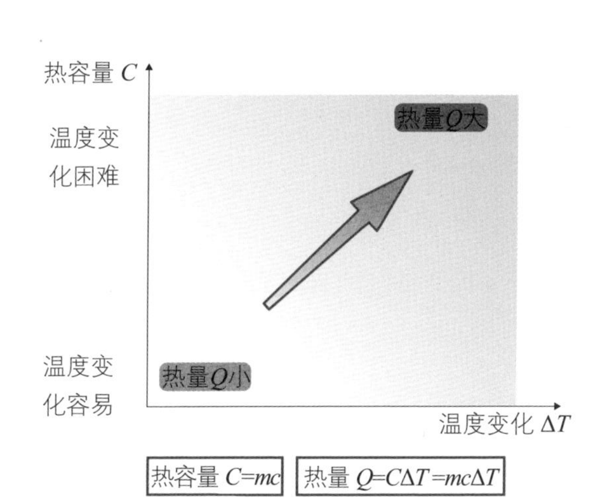

4-14 热能守恒——能量守恒定律

如同牛顿力学中的机械能守恒一样，热即使传递其能量也是守恒的。如右图中的①所示，隔断了与外部的所有热传递的状态称为绝热系统。在绝热系统中，让高温物体与低温物体相接触，热量就从高温物体向低温物体传递，直到达到热平衡，热平衡后两物体的温度就是相同的。因为没有向外部传递热量，所以高温物体减少的热量应该等于低温物体增加的热量。

即使有热量的传递，在绝热系统中热量的总量也是恒定的，这就是**能量守恒定律或热力学第一定律**。

如右图中的②所示，假定容器是与外部的空气无热量传递的绝热系统。在质量为 1kg、温度为 20℃的水中，放入质量为 0.5kg、温度为 150℃的铁块，求解热平衡后的温度。设水的比热容为 4.2 kJ/（kg · K）、铁的比热容为 0.42 kJ/（kg · K）。

设热平衡后的温度为 t，则 t 就是铁的温度 150℃和水的温度 20℃之间的温度。由于热量是从铁块向水中传递，因此铁块的温度变化为 $150-t$、水的温度变化为 $t-20$。右图中式（1）中的铁块失去的热量 Q_1 与式（2）中的水所获得的热量 Q_2 相等，由此就可以求解到 t 大约为 26.2℃。

在这个计算例中，有下面两点需要注意。

①虽然温度看起来是直接使用了摄氏温度，但这是因为热力学温度 ΔT 和摄氏温度 Δt 形成的温差是相同的，所以省略了“+273”。

②虽然没有直接求解出 Q_1 与 Q_2 的值，但因为铁和水的比热容 c 的单位都使用了 kJ/（kg · K），所以计算出来的热量的单位就是 kJ。

能量守恒定律

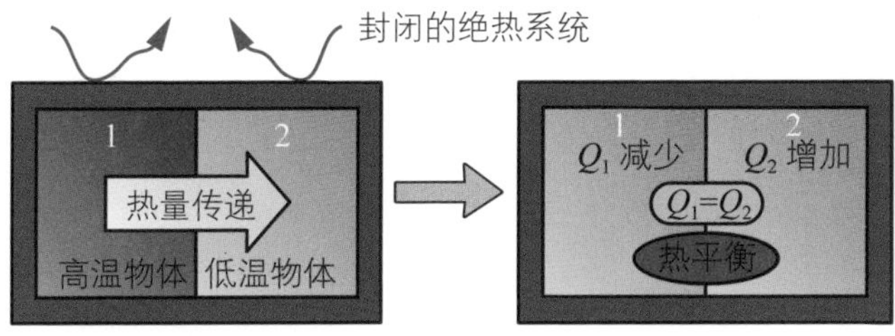

② 能量守恒定律的计算例

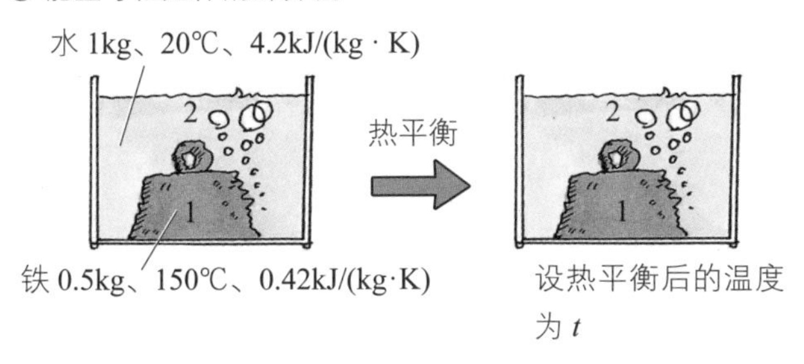

- 铁所失去的热量

$Q_1=m_1c_1\Delta T_1=0.5\times0.42\times(150-t)$ ……(1)

※1：[150+273−(t+273)]
因温度差计算，则省略了“+273”

- 水所获得的热量

$Q_2=m_2c_2\Delta T_2=1\times4.2\times(t-20)$ ……(2)

※2：比热容的单位采用 kJ/（kg•K），则 Q 的单位是 kJ

- 计算例

$Q_1=Q_2 \quad 0.5\times0.42\times(150-t)=1\times4.2\times(t-20)$

（2 倍，10 倍）

$150-t=20\times(t-20)$

$-21t=-550$

$t\approx26.2$ ℃

这样计算就简单多了！

4-15 能量转换与自行车的刹车——热能做的功

最近，在电动自行车、电动汽车及电车等中，如图 1 中的①所示，反馈制动器采用将其动能的一部分转换为电能用于制动，并通过电动机再次将其电能转换为机械能的循环形式。图 1 中的②概述了在结构简单的摩擦式制动器中，利用摩擦阻力所做的功将机械能转化为热能并被排放到大气中而达到制动的效果。大家是否都知道在自行车后轮刹车片的箱盖上贴有“注意高温”的标签？刹车片是由于摩擦产生的热量而变热的。我们来看看这个现象。

如图 2 所示，体重为 55kg 的人骑在质量为 25kg 的自行车上，以 4m/s 的速度沿着直线行驶。在这个时候，骑车的人不慌不忙地以适当的强度使刹车产生作用而停止运动。这时，后轮的刹车片温度能够上升多少呢？

设人和自行车的质量总和为 M、刹车的质量为 m、刹车片的比热容为 c、温度变化为 ΔT、速度为 v。由图 2 中式（1）$T=\frac{1}{2}M\Delta v^2$ 可以求解自行车具有的动能 T；由式（2）$Q=mc\Delta T$ 可以求解刹车片转换为热能后的热量 Q。因为 $T=Q$，则有式（3）$\frac{1}{2}M\Delta v^2=mc\Delta T$ 的成立，将其变换就可求解出 ΔT。在这里需要注意的是例子中刹车片的比热容单位为 kJ/(kg · K)，如果忘记将单位 kJ 变为单位 J 就会扩大 1000 倍，最后会得到意想不到的结果。当然，如果将 0.4kJ 作为 400J 带入的话，就不需要扩大 1000 倍。

只要留意到这一点，得到的答案就会是 2.7K，也就是说温度上升了 2.7℃。你可能会认为才 2.7℃就是高温？不要忘记了这是一次刹车温度的上升量，如果多次累加的话，上升的温度就会相当可观。

图 1　能量转换的形式

① 循环转换的电能与机械能

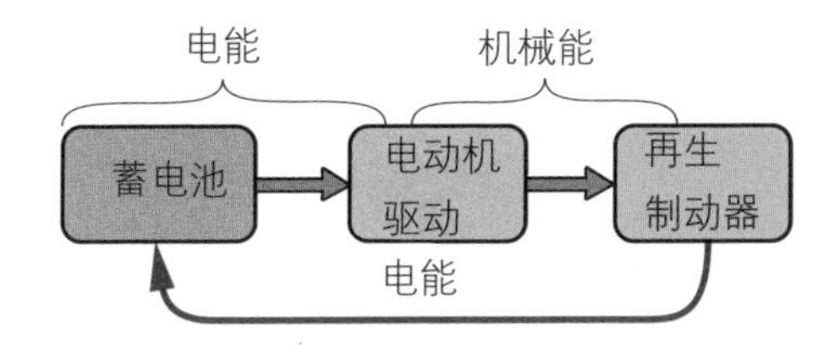

② 向大气排放出的热能

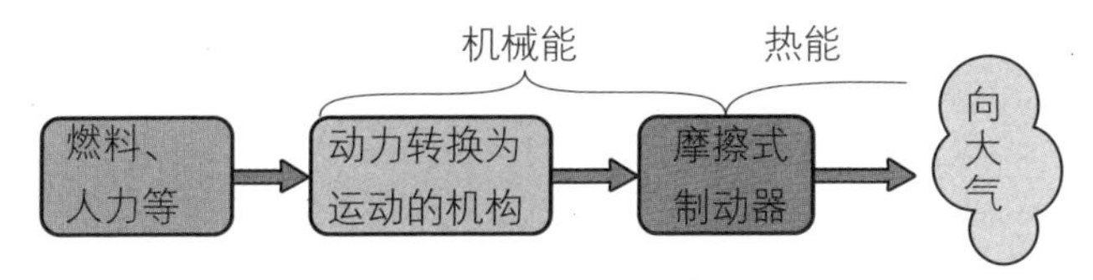

图 2　试思考自行车的刹车

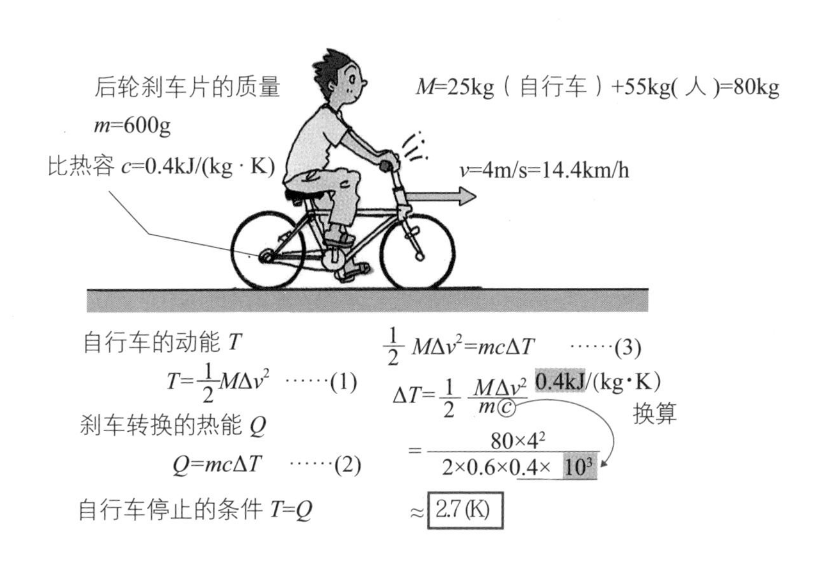

自行车的动能 T

$$T=\frac{1}{2}M\Delta v^2 \quad \cdots\cdots(1)$$

刹车转换的热能 Q

$$Q=mc\Delta T \quad \cdots\cdots(2)$$

自行车停止的条件 $T=Q$

$$\frac{1}{2}M\Delta v^2=mc\Delta T \quad \cdots\cdots(3)$$

$$\Delta T=\frac{1}{2}\,\frac{M\Delta v^2}{mc} \quad 0.4\text{kJ}/(\text{kg}\cdot\text{K}) \text{ 换算}$$

$$=\frac{80\times4^2}{2\times0.6\times0.4\times10^3}$$

$$\approx \boxed{2.7\,(\text{K})}$$

4-16 动力大则做功快——功率

因为功等于“力 × 距离”，所以它和时间无关。在日常生活中，通常所说的“那个人有力”“这辆车有动力”等，都是从工作快、速度快等意义上说的。

如图 1 中的①所示，用所做的功的量除以做功所需要的时间而得到的量称为功率 P，$P=W/t$ 就是功率的定义，单位使用具有固有名称的导出单位 W（瓦特）。

如图 1 中的②所示，功是 $W=Fs$。将所做的功去除以时间，其中 s/t 就是速度 v，最后得到 $P=Fv$，也就是说功率也是力 F 和速度 v 的乘积。力越大而速度越快，功率就越大。

如图 2 所示，设自行车的质量为 25kg、人的体重为 60kg，则质量的总量为 85kg。这个自行车从静止状态开始出发 10s 后，速度就达到了 4m/s=14.4km/h。求解一下骑自行车人的功率是多少。

设骑行的运动为匀变速运动，加速度为 a，在功率公式 $P=Fv$ 中代入 $F=ma$，得到图 2 中的式（1）$P=mav$。

因为加速度 $a=v/t$，则将其代入式（1），得到式（2）$P=mv^2/t$。代入已知条件，求解出的功率为 136W。

即使说是 136W，也没有什么概念。若是用 136N 的力在 1s 内将货物移动 1m，得到的功率就是 136N · m/s，这样解释一下就好理解了。机械设计时一般要考虑操作者的力，虽然因条件有所差异，但其大致范围是 100~200N。所以，功率大致为 100~400W。

电动车搭载的电动机的额定输出（功率）是 250W 左右。按照图 2 的例子求解 10s 行驶的距离，得到 20m。我想这个程度是可以在日常生活体验到的。

图 1　功率

① 功率是单位时间内所做的功

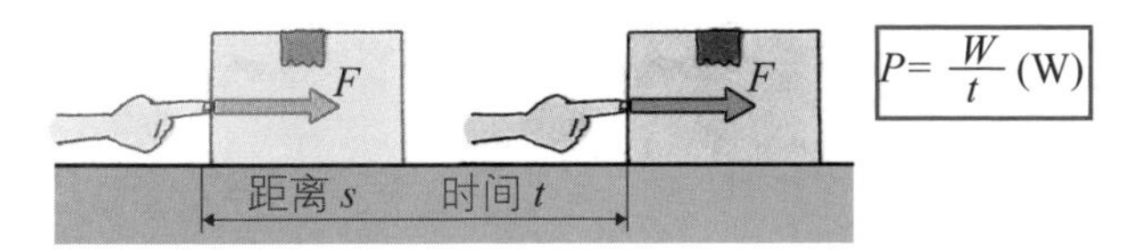

$P=\frac{W}{t}$ (W)

② 功率是力和时间的乘积

$W=Fs$　$P=\frac{W}{t}=F\frac{s}{t}$　$\frac{s}{t}=v$

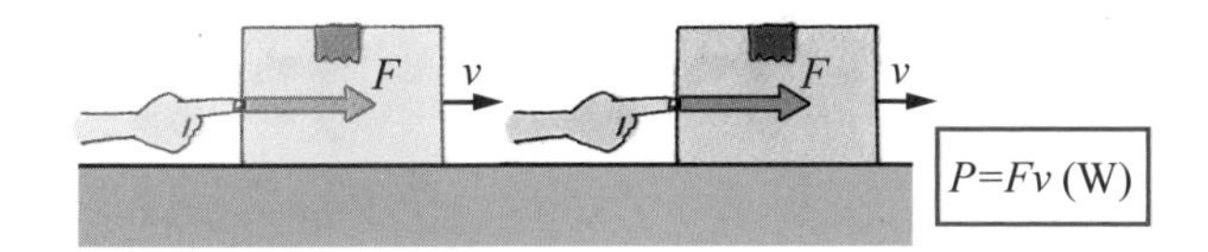

$P=Fv$ (W)

图 2　试骑一下自行车吧

$P=Fv=mav$ ……(1)

$a=\frac{v}{t}$

$P=m\frac{v^2}{t}$ ……(2)

$=\frac{85\times 4^2}{10}=\boxed{136\ (W)}$

求行驶的距离

$s=\frac{1}{2}at^2$

由 $a=\frac{v}{t}$ 得：

$s=\frac{1}{2}vt$ ……(3)

$=\frac{1}{2}\times 4\times 10=\boxed{20\ (m)}$

4-17 差动滑轮的功——功率的计算例子

如右图所示的滑轮装置称为差动滑轮，它是两个直径不同的定滑轮连接成一体构成的轮轴和一个动滑轮组成的滑轮组。我们通过力矩来解释它的工作原理。此时，忽略了差动滑轮装置与绳索的重量。

货物的重量被动滑轮等分为 $mg/2$，并分别作用于轮的 A 侧与轴的 B 侧。这之后就不再涉及动滑轮了。

由于使轮轴一体的定滑轮向左旋转的力只有施加在轮的 A 侧的 $mg/2$，因此能够得到式（1）$M_L=mgR/2$。

然后，由于使轮轴一体的定滑轮向右旋转的力有两个，分别是施加在轴的 B 侧的 $mg/2$ 与轮上的 F，因此能够得到式（2）$M_R=mgr/2+FR$。

由于轮轴向左右旋转的力矩平衡，因此通过式（3）$mgR/2=mgr/2+FR$ 的变换得到式（4）$F=mg(R-r)/(2R)$，就能够求解出力 F。

那么，我们求解一下人将 1000N 即大约 100kg 的重物提高到 1m 高度所做的功。设轮轴的半径 $r=0.8R$。

① 将条件代入式（4）中，求解出 F 等于 100N。所用的力竟然只有重物重量的 1/10，这是我们能够做到的力的大小。

② 所需要的功是作用于重物的 1000N × 1m=1000J。

③ 即使施加的作用力很小，让人感到很轻松，但是功却没有减少。为了将重物提高 1m，人需要拉动 10m 长度的绳索。

④如果这一过程只用了 20s 的时间，那么这个人所做的功率就是 50W。这个量也是可以毫无困难完成的。但是，这里不包含装置与绳索的重量以及摩擦等对做功的阻力。

这样的装置称为绞车（手动葫芦）。

差动滑轮的工作示例

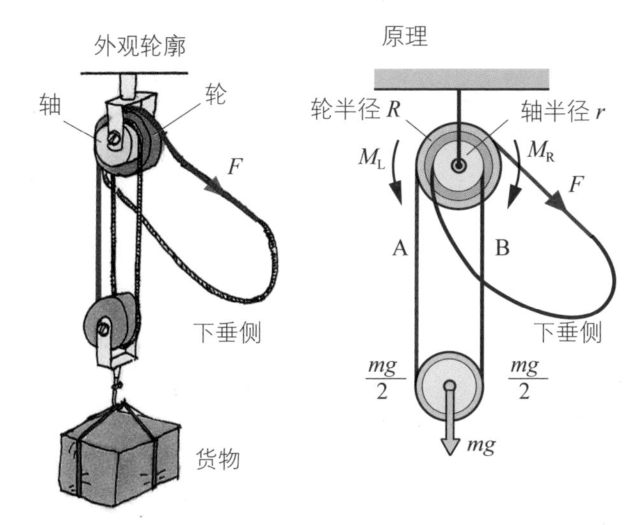

思考其原理

向左转的力矩：M_L　　$M_L=\frac{mg}{2}R$　　…(1)

向右转的力矩：M_R　　$M_R=\frac{mg}{2}r+FR$　　…(2)

由 $M_L=M_R$ 得　$\frac{mg}{2}R=\frac{mg}{2}r+FR$　…(3)　　$\boxed{F=\frac{mg(R-r)}{2R}}$　　…(4)

① 求力 F

$$\begin{cases} mg=1000\text{N} \\ r=0.8R \end{cases}$$

$$F=\frac{mg(R-r)}{2R}=\frac{1000\times(R-0.8R)}{2R}=\frac{1000\times(R-0.8R)}{2R}=\boxed{100\ (\text{N})}$$

② 货物提升 1m 所需要的功

$W=Fs=1000\times1=\boxed{1000\ (\text{J})}$

③ 人拉动绳索的长度

由 $W=Fs$，得$s=\frac{W}{F}=\frac{1000}{100}=\boxed{10\ (\text{m})}$

④ 操作 20s 的功率

$$P=\frac{W}{t}=\frac{1000}{20}=\boxed{50\ (\text{W})}$$

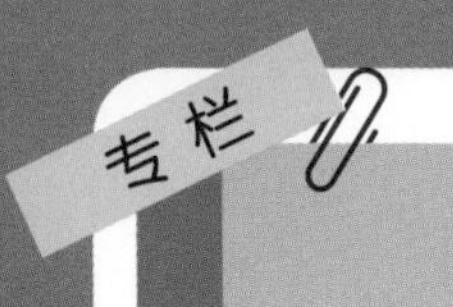

地铁线路的节能措施

虽然在地面上奔驰的电车上见到不多，但在靠近地铁站台最外边等待电车时，可以发现车辆在有的车站是爬坡进入车站的。若是发车离开站台，则车辆是下坡加速离开的。站台位于凸状线路的顶端。

过去使用凸状线路是为了同其他线路形成立体交叉或是为了方便排除地下水等，不过现在是为了节能。

车辆驶入站台时，切断电动机的动力，利用车辆的惯性完成爬坡过程，动能减少的部分就转变为势能，并能够减少刹车制动所必须做的负功。

车辆驶离站台时，电动机仅用一点力就能够使车辆沿下坡滑行而启动，势能减少的那部分就转换成动能，能够减少用于提速的发动机所做的功。作用于车辆的机械能在行驶过程中就如同过山车一样进行着能量转换。

这样做，降低了车辆行驶过程的能量和实施刹车制动的能量，能够达到节能的效果。作为在地下行驶的地铁，尽量避免在隧道内排放能量是非常重要的。

No

Data

第5章

动量与冲量

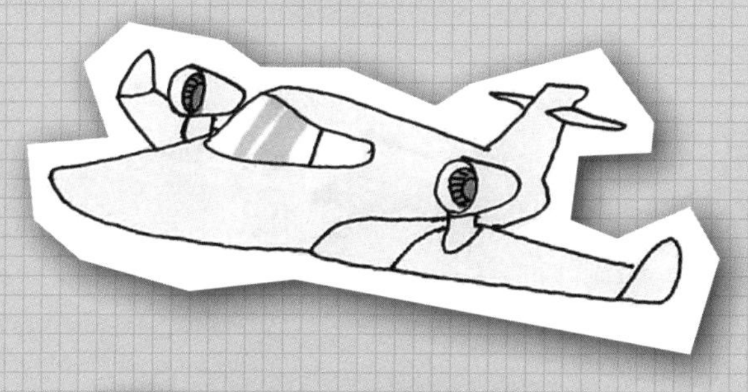

在观看足球或相扑比赛时，会感觉到选手们的动作趋势。在钉钉子时，也会注意到榔头敲击钉子时的趋势很重要。这个“趋势”到底是什么呢？在本章中，从物理量的角度来学习众所周知的趋势。

5-1 动量表示物体保持运动的趋势——动量守恒定律

质量为 m 的物体，以速度 v 运动时，其质量和速度的乘积 mv 称为动量（见图 1）。动量是表示这个物体在它运动方向上保持运动趋势的量，是与速度方向一致的矢量，单位是导出单位 kg · m/s。如果仅在时间 t 内给物体施加力 F 的话，物体的运动就发生变化。作用于物体的力和时间的乘积 Ft 称为冲量。冲量是具有与力相同作用方向的矢量，单位是 N · s。

我们来看看动量与冲量的关系。同样，物体质量为 m、以速度 v 运动，若在时间 t 内给物体的运动方向施加力 F，则物体的速度由 v 变化为 v'。这个变化的加速度 a 就是图 1 所示的式（1）所示的（$v'-v$）/t，将牛顿第二定律的式（2）$ma=F$ 代入式（1），得到式（3）$mv'-mv=Ft$。从式（3）可以知道物体的动量变化等于冲量。虽然动量和冲量的单位不同，但单位 kg · m/s 能够变换为（kg · m/s^2）s=N · s，所以式（3）是成立的。

我们来看看具体的例子。如图 2 所示，质量为 m_1、速度为 v_1 的物体 1 和质量为 m_2、速度为 v_2 的物体 2 在一条直线上发生碰撞，由一对作用力和反作用力 F 和 $-F$ 在时间 t 内作用，物体的速度分别变为 v_1' 和 v_2'。由图 1 的式（3）可知，物体 1 可用式（1）$m_1v_1'-m_1v_1=-Ft$ 表示，物体 2 也可用式（2）$m_2v_2'-m_2v_2=Ft$ 表示。两式整理后可知碰撞前后的两个物体的动量总和是相等的，因而得到式（3）$m_1v_1+m_2v_2=m_1v_1'+m_2v_2'$。

也就是说，几个物体相互作用，即使各自的运动状态发生变化，但如果没有外力的作用，其动量的总和还是恒定的。这称为动量守恒定律。

图 1　动量与冲量

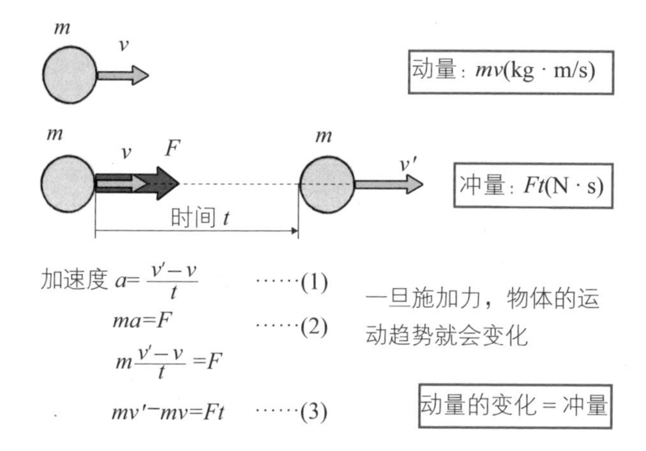

图 2　动量守恒定律

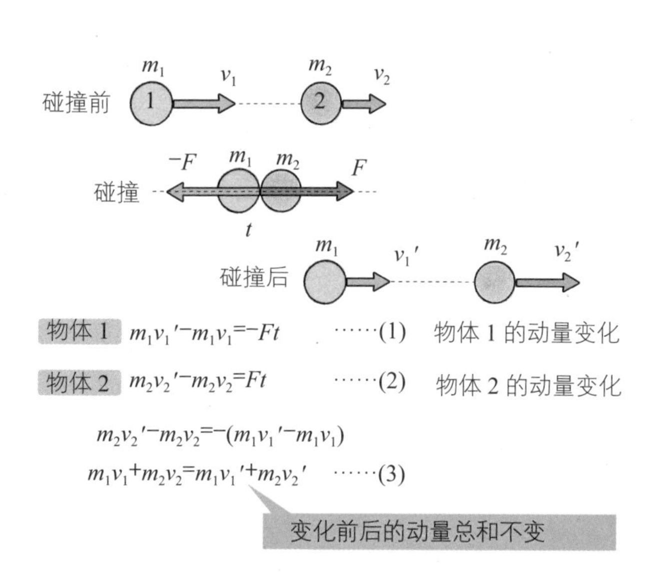

5-2 运动的趋势与能量——速度加倍和速度平方的差异

动量可用物体的质量和速度的乘积表示。同样，使用物体的质量和速度来表示的量，还有在第 4 章中涉及的动能。

关于动量与动能这两个物理量的区分，只要记住下面的要点就可以：由力和作用的时间（即冲量）所引起的速度变化就是动量，由力和移动距离导致的功和能量变化就是动能。

例如，如图 1 所示，假设在时间 t 内给静止的质量 m 的物体施加力 F，最终物体就以加速度 a 移动了距离 s，速度变成为 v。如图 1 中的①所示，运动方程式 $ma=F$ 代入加速度 $a=v/t$，整理后得到动量和冲量的关系式 $mv-Ft=0$。

另外，如图 1 中的②所示，从物体运动即初速度为零的匀变速运动入手，则有 $v^2=2as$。将这个公式代入运动方程式中，得到的式 $a=F/m$，进行整理后就得到动能和功的关系公式$\frac{1}{2}mv^2-Fs=0$。如此，相同的运动由于求解内容的不同，改变了推导出的算式形式。

那么，若说两个公式是完全不同的公式，却又是有联系的。如图 2 所示，我们将动量和动能的计算式相互变换来看看。

在图 2 中的①所示的动量和冲量的关系式中，代入由曲线导出的 $t=2s/v$，整理后，得到动能和功的关系式。

在图 2 中的②所示的动能和功的关系式中，代入由曲线导出的 $s=vt/2$，整理后，得到动量和冲量的关系式。

同一个运动中，根据想要获取的物理量不同，所需要的表达公式的形式就会不同。

图 1　动量和动能

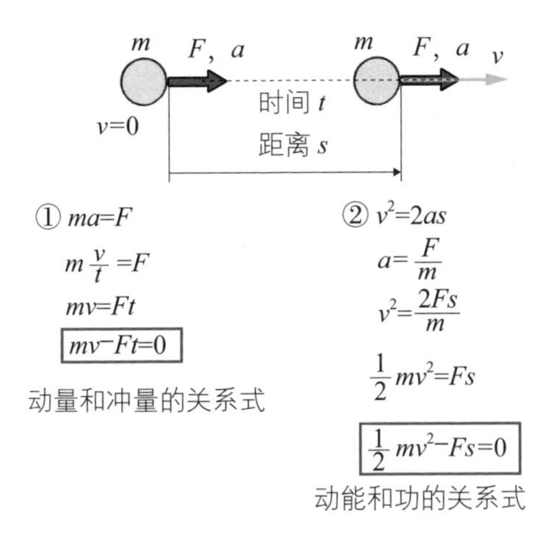

图 2　冲量与功

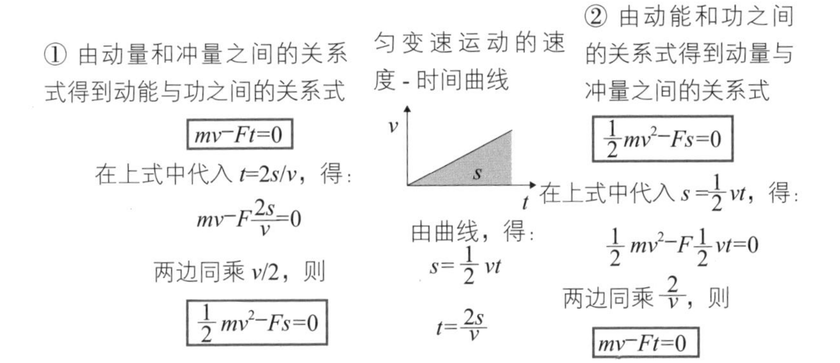

※ 即使同样的现象，采取的方法不同，动量和动能也能相互转换

5-3 能量的功和冲量的碰撞计算例子

能量是表示能做功的量，那么能量和冲量有什么关系呢？如右图所示，握有质量为 1kg 的铁球从 1m 的高度放手后，使其与钉子发生碰撞，并将钉子钉入木板，钉子被钉进 1cm。设重力加速度 g=10 m/s^2。

铁球碰撞时的速度用右图中式（1）$v=\sqrt{2gh}$ 计算，结果为 4.5m/s。如式（2）所示其动能约为 10 J，根据机械能守恒定律，其动能与下落前的势能相同。如果这一能量用钉子所接受到的功来表示，就通过式（3）来计算，即有 1000N 的力作用于钉子。这个作用力是铁球重量的 100 倍。

如此巨大的力是从哪里来的呢？为此，我们用表示物体运动趋势的动量来分析这一现象。进而，也从与动量成对出现的冲量角度来分析现象。

根据铁球从与钉子碰撞到停止的动量变化，由式（4）mv 的计算，得出 4.5kg · m/s，所以，冲量是 4.5kg · m/s=4.5 N/s。于是变化时间由式（5）$t=mv/F$ 计算，得出 0.0045s，这是极其短的时间。这的确能称为碰撞吧！

铁球将钉子钉入木板到停止钉入的速度，可用式（6）$v=h/t$ 计算得出，为 2.2m/s。根据这些，可以假设为铁球与钉子在 0.0045 s 内以速度 2.2m/s 一起运动。

为了比较，顺便说明下，即使将铁球放置在钉子上面 0.45s，冲量同样是 4.5 N · s。不过，却难以将钉子钉入木板。为什么呢？这是因为没有碰撞趋势。碰撞时的冲量是在极其短的时间内作用，可以说它表示的是动量所具有的碰撞趋势。

功与碰撞

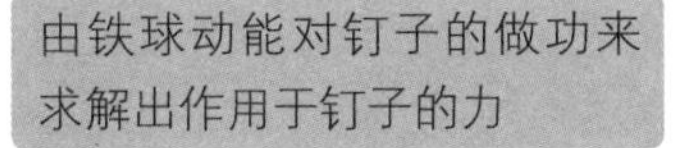

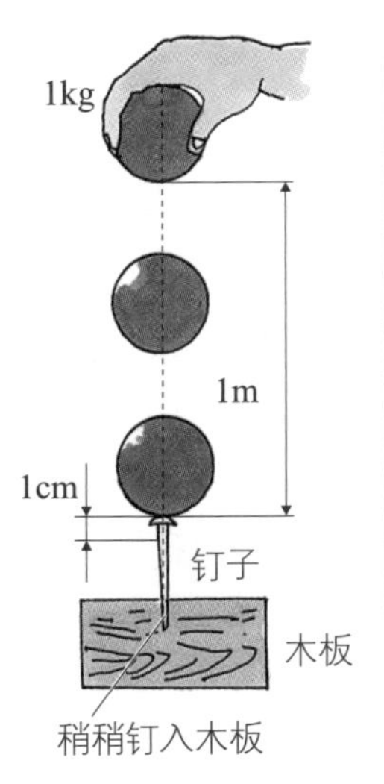

能与功

$$v=\sqrt{2gh} \qquad \cdots\cdots(1)$$

$$=\sqrt{2\times10\times1}\approx4.5\ (\mathrm{m/s})$$

$$\left.\begin{aligned}\frac{1}{2}mv^2&=\frac{1}{2}\times1\times4.5^2\\&\approx10\ (\mathrm{J})\\mgh&=1\times10\times1=10(\mathrm{J})\end{aligned}\right\} \qquad \cdots\cdots(2)$$

$$W=Fs$$

$$F=\frac{W}{s}=\frac{10}{0.01}=\boxed{1000\ (\mathrm{N})} \qquad \cdots\cdots(3)$$

铁球重量的 100 倍

动量与冲量

$$mv=1\times4.5=4.5\ (\mathrm{kg\cdot m/s}) \qquad \cdots\cdots(4)$$

$$Ft=mv=4.5\ (\mathrm{N\cdot s})$$

$$t=\frac{mv}{F}=\frac{4.5}{1000}=\boxed{0.0045\ (\mathrm{s})} \qquad \cdots\cdots(5)$$

极其短时间内的冲量变化就是碰撞

$$v=\frac{h}{t}=\frac{0.01}{0.0045}\approx2.2\ (\mathrm{m/s}) \qquad \cdots\cdots(6)$$

由铁球的动量和钉子受到
的力，求解出变化的时间

5-4 物体的碰撞和反弹——恢复系数

弹玻璃球或台球、对墙壁击球或棒球的击球等，物体之间的碰撞有着各种各样的反弹方式。

当两个物体在一条直线上发生碰撞时，碰撞后的反弹方式因物体的弹性度不同而不同。将碰撞后的相对速度 $v_1'- v_2'$ 除以碰撞前的相对速度 $v_1 - v_2$，得到的值称为恢复系数 e，也称为反弹因子（见右图中的①）。

右图中所示的相对速度 $v_1 - v_2$ 和 $v_1'- v_2'$ 是以物体 2 的速度为基准，表示其与物体 1 之间的速度之差。这个差为正时表示物体 1 接近物体 2，为负时表示物体 2 离开物体 1。

恢复系数的值在 0~1 之间，e=1 称为完全弹性碰撞，而 e=0 称为完全非弹性碰撞。由于两个物体在发生完全非弹性碰撞后结合在一起运动，因此也称为融合。

在②中，以速度 5m/s 与墙壁发生垂直碰撞的物体，反弹后速度变为 −4m/s 时，因墙壁的速度是零，则恢复系数就是 0.8。

在③中，碰撞前的相对速度为 5m/s 的物体 1 和物体 2 在碰撞发生后，相对速度变为 −3m/s 时，恢复系数就是 0.6。

在④中，碰撞前的相对速度为 5m/s 的物体 1 和物体 2 在碰撞发生后，相对速度变为 −5m/s 时，恢复系数就是 1，这是完全弹性碰撞。这时，如果两个物体的质量相等的话，物体 1 和物体 2 的速度交换。

在⑤中，碰撞前的相对速度为 5m/s 的物体 1 和物体 2 在碰撞发生后，相对速度成为 0 时，就是恢复系数为 0 的完全非弹性碰撞。

恢复系数和各种各样的反弹

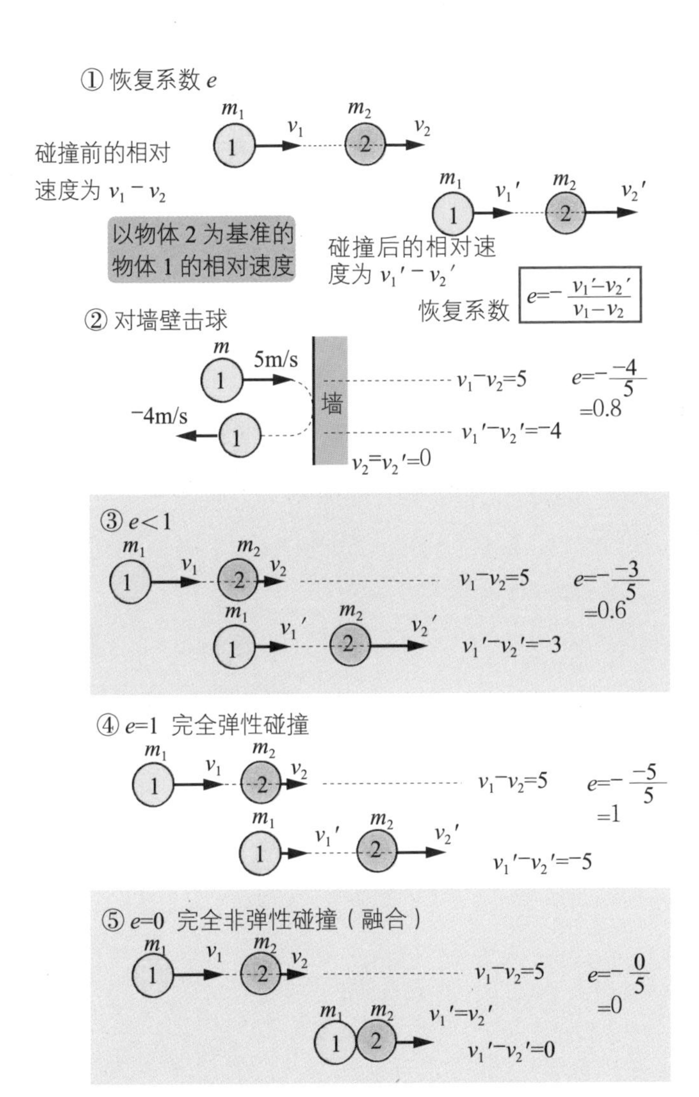

5-5 落体的反弹高度——自由落体的恢复系数

因为恢复系数是碰撞后的相对速度除以碰撞前的相对速度得到的值，所以，可在求解出物体碰撞前后的速度而得出恢复系数。那么，从高度为 h 处进行自由落体运动的物体与地板发生碰撞，反弹到高度为 h' 处时的恢复系数能够求解出来吧（见图 1）。

在第 2 章的自由落体运动中，物体的速度和高度的关系为 $v^2=2gh$。接下来的计算中，设向下的速度为正，碰撞前物体的速度用图 1 中的式（1）$v_1=\sqrt{2gh}$ 计算，碰撞后物体的速度用式（2）$v_1'=-\sqrt{2gh'}$ 计算，恢复系数用式（3）计算，将 v_1、v_1' 以及地板的速度 $v_2=v_2'=0$ 代入式（3）并整理，于是就有 $e=\sqrt{h'/h}$，可见，恢复系数仅仅取决于高度之比的值。

利用这个结论，我们来看看图 2 中所示物体的运动。物体从高度为 50cm 的地方自由落体到地板上，反弹到高度为 2cm 处，求恢复系数。其次，将同一物体从 50cm 的高度，以 4m/s 的初速度竖直向下抛出，这时物体的反弹高度是多少？设重力加速度为 g=10m/s^2。

假设，即使碰撞的速度发生变化，恢复系数也不会变，则可用图 1 中的式（1）$e=\sqrt{h'/h}$，求解出自由落体的恢复系数为 0.2。之后，将向下下抛的速度 4m/s 用式（2）$h_0=v_0^2/2g$ 换算成高度，结果得到 0.8m 的高度。这就是说，以 4m/s 的初速度向下抛的运动，对地板来说相当于从式（3）得到的从 0.8m + 0.5m = 1.3m 的高度所进行的自由落体运动，两者具有相同的效果。

这样考虑的话，由式（1）求解的反弹后的高度 h' 作为式（4）$h'=e^2h$ 求解的结果，将高度 h 代入，计算出反弹高度 h' 为 5.2cm。

图 1　自由落体的反弹高度

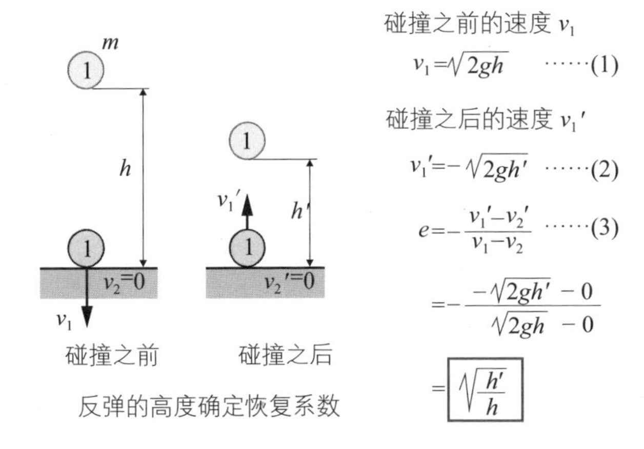

图 2　向下抛物体的反弹高度

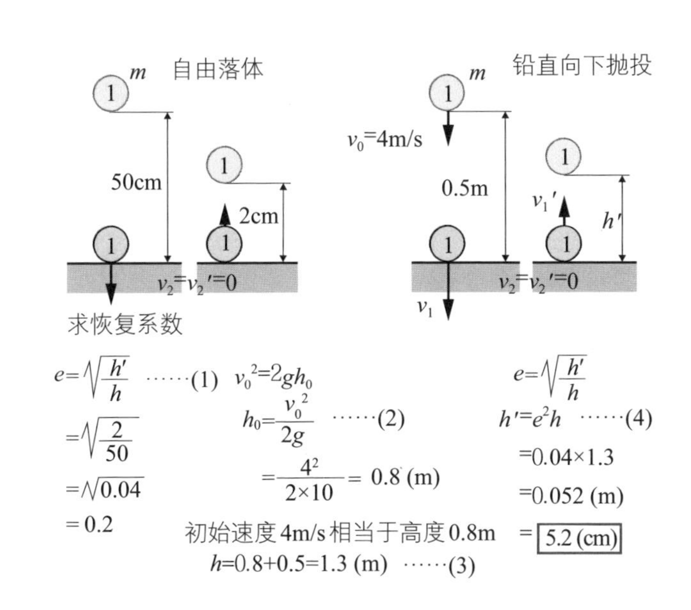

5-6 碰撞是重心接近后又分离的运动——碰撞后的速度

两个物体在一条直线上发生碰撞时，碰撞后的速度将会如何变化呢？在这样的碰撞中，如果从物体整体质量的重心速度的角度来考虑，想象一下对于重心来说，物体的速度是如何变化的，应该就容易求解了。如右图所示，设重心的速度为 v，因为碰撞前物体相互接近，且有 $v_1 > v > v_2$ 的关系；碰撞后物体相互分离，且有 $v_1' < v < v_2'$ 的关系。由右图可知，碰撞可以说是两个物体的重心相互接近之后再分离的运动。

因为求解碰撞后速度 v_1' 和 v_2' 是两个未知量，所以使用动量守恒定律的式（1）和恢复系数的式（2）（见右图）。慎重而巧妙地变形，就能够由式（3）求解出 v_1'、由式（4）求解出 v_2'。

式（3）和式（4）右边的第 1 项（$m_1v_1+m_2v_2$）/（m_1+m_2）是总动量除以总质量的值，所以可用重心的速度来表示；而第 2 项如图所示，以重心的速度为基准，将碰撞后的相对速度 e（$v_1 - v_2$）对应物体 1 的质量 m_1 和物体 2 的质量 m_2 进行分配。这个过程在力学上称为**反比例分配**。

相对速度的分配

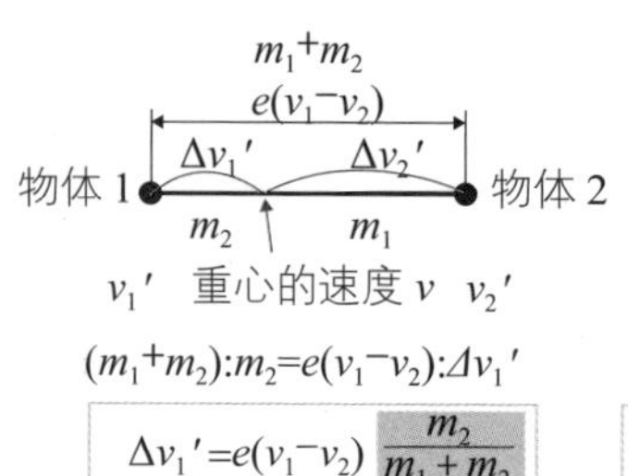

- 分配给物体 1 的速度设为 $\Delta v_1'$
- 分配给物体 2 的速度设为 $\Delta v_2'$

在左图中质量和速度比例如下：

$(m_1+m_2):m_2:m_1=e(v_1-v_2):\Delta v_1':\Delta v_2'$

$(m_1+m_2):m_1=e(v_1-v_2):\Delta v_2'$

$$\Delta v_2'=e(v_1-v_2)\frac{m_1}{m_1+m_2}$$

求解碰撞后的速度

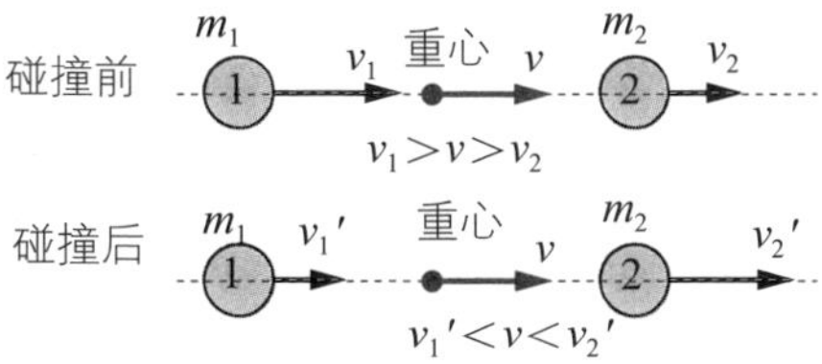

碰撞前　m_1　v_1　重心　v　m_2　v_2

$v_1 > v > v_2$

物体 1 和物体 2 都向重心接近

碰撞后　m_1　v_1'　重心　v　m_2　v_2'

$v_1' < v < v_2'$

物体 1 和物体 2 都从重心离开

$$m_1v_1+m_2v_2=m_1v_1'+m_2v_2'$$ ……（1）动量守恒定律的计算式

$$e=-\frac{v_1'-v_2'}{v_1-v_2}$$ ……（2）恢复系数的计算式

由式（1）和式（2）求解 v_1' 和 v_2'

式（1）的左边和右边两边交换

$$m_1v_1'+m_2v_2'=m_1v_1+m_2v_2$$ ……(1′) 碰撞后的项移向左边

整理和变换式 2

$$v_1'-v_2'=-e(v_1-v_2)$$ ……(2′) 碰撞后的项移向左边

• 求 v_1'　用式 (1′)+ 式 (2′)×m_2，消去等式左边的 v_2'

$$m_1v_1'+m_2v_2'=m_1v_1+m_2v_2$$

$$+\ )\ m_2v_1'-m_2v_2'=-em_2(v_1-v_2)$$

消去了 v_2'

$$m_1v_1'+m_2v_1'=m_1v_1+m_2v_2-em_2(v_1-v_2)$$ 未知数只剩 v_1'

$$v_1'=\frac{m_1v_1+m_2v_2}{m_1+m_2}-e(v_1-v_2)\frac{m_2}{m_1+m_2}$$ ……（3）

因为小于重心的速度而取负号

• 求 v_2'　用式（1）′− 式（2）′×m_1，消去等式左边的 v_1'

$$m_1v_1'+m_2v_2'=m_1v_1+m_2v_2$$

$$-\ )\ m_1v_1'-m_1v_2'=-em_1(v_1-v_2)$$

v_1' 消去了！

$$m_2v_2'+m_1v_2'=m_1v_1+m_2v_2+em_1(v_1-v_2)$$ 未知数只剩 v_2'

$$v_2'=\frac{m_1v_1+m_2v_2}{m_1+m_2}+e(v_1-v_2)\frac{m_1}{m_1+m_2}$$ ……（4）

因为大于重心的速度而取正号

5-7 求解碰撞后的运动速度——碰撞计算

使用 5-6 节推导出的公式，以及图中的①和②给出的条件，求解碰撞后两个物体的速度。计算的结果是否正确？又如何去进行验算呢？动量守恒定律和恢复系数的公式都是在没有外力作用只有反弹力的情况下的计算公式。因此，在此学习的计算例子的验证中，碰撞前后的动量总和是相等的，就是说只需确认动量守恒就可以了。

图中①所示的是恢复系数 e=1 的**完全弹性碰撞**，因为两个物体的质量相等，所以在碰撞前后两个物体的速度相互交换，即**速度交换**。计算的结果也显示了碰撞的两个物体各自交换了碰撞前的速度。如果进行验算的话，碰撞前的动量总和是 1 × 4+1 × 3=7 (kg · m/s)，碰撞后的动量总和也是 1 × 3+1 × 4=7 (kg · m/s)。这个运动过程可以让我们联想到打台球时球之间的碰撞运动。

图中②所示的是恢复系数 e=0 的**完全非弹性碰撞**，也就是两个物体在碰撞后结合在一起运动的例子。碰撞前的两个物体的动量总和是 3 × 4+2 × 2=16 (kg·m/s)，碰撞后的动量总和也是 3 × 3.2+2 × 3.2=16 (kg·m/s)。这个运动过程可以让我们联想到在滑冰场被从后面滑来的朋友抱住后一起滑动的情景。当然，是在两人都没有摔倒的状况下。

上面的两个例子是称为速度交换和融合的特例，所以大家也可以尝试计算看看右下角给出的例题。例（1）的答案是 v_1'=2.4m/s、v_2'=4.4m/s，例（2）的答案是 v_1'=2.8m/s、v_2'=3.8m/s。

求解碰撞后的速度

物体 1 碰撞后的速度：$v_1'=\dfrac{m_1v_1+m_2v_2}{m_1+m_2}-e(v_1-v_2)\dfrac{m_2}{m_1+m_2}$

物体 2 碰撞后的速度：$v_2'=\dfrac{m_1v_1+m_2v_2}{m_1+m_2}+e(v_1-v_2)\dfrac{m_1}{m_1+m_2}$

① 速度交换的例子：$e=1$、$m_1=1\text{kg}$、$v_1=4\text{m/s}$、$m_2=1\text{kg}$、$v_2=3\text{m/s}$

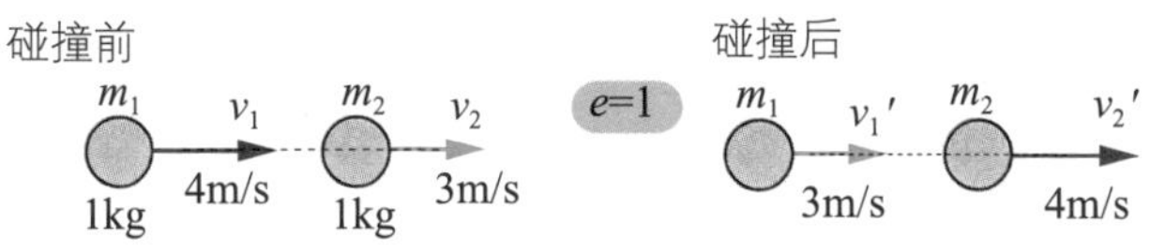

$$v_1'=\frac{1\times4+1\times3}{1+1}-1\times(4-3)\times\frac{1}{1+1}=\frac{7}{2}-\frac{1}{2}=\frac{6}{2}=3\ (\text{m/s})$$

$$v_2'=\frac{1\times4+1\times3}{1+1}+1\times(4-3)\times\frac{1}{1+1}=\frac{7}{2}+\frac{1}{2}=\frac{8}{2}=4\ (\text{m/s})$$

② 融合的例子：$e=0$、$m_1=3\text{kg}$、$v_1=4\text{m/s}$、$m_2=2\text{kg}$、$v_2=2\text{m/s}$

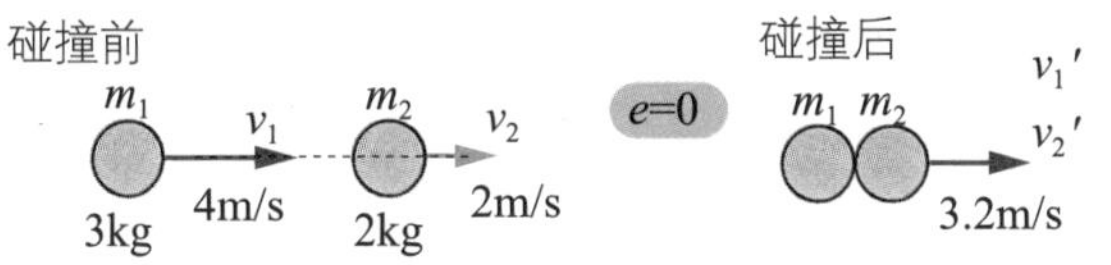

$$v_1'=\frac{3\times4+2\times2}{3+2}-0\times(4-2)\times\frac{2}{3+2}=\frac{16}{5}-0=\frac{16}{5}=3.2\ (\text{m/s})$$

$$v_2'=\frac{3\times4+2\times2}{3+2}+0\times(4-2)\times\frac{3}{3+2}=\frac{16}{5}+0=\frac{16}{5}=3.2\ (\text{m/s})$$

例（1）$e=1$、$m_1=3\text{kg}$、$v_1=4\text{m/s}$、$m_2=2\text{kg}$、$v_2=2\text{m/s}$

例（2）$e=0.5$、$m_1=3\text{kg}$、$v_1=4\text{m/s}$、$m_2=2\text{kg}$、$v_2=2\text{m/s}$

5-8 分析斜面上的碰撞——平面内的碰撞

直到 5-7 节，我们考虑的都是物体在直线上的碰撞问题。在这里，我们尝试来分析平面内物体的碰撞。

如图中的①所示，物体以速度 v 和忽略了摩擦的地板发生斜碰撞，求解碰撞后的反弹速度 v'。首先，将速度 v 分解为 v_x 和 v_y，然后求解竖直方向的反弹速度 v_y。（a）所示情况是恢复系数为 1，则反弹速度为 $-v_y$；（b）所示情况是恢复系数小于 1，则反弹速度为 $-ev_y$。（a）所示的反弹速度 v' 是速度 v_x 和 $-v_y$ 的合成速度；（b）所示的反弹速度 v' 是速度 v_x 和 $-ev_y$ 的合成速度，这就是求解得到的反弹速度 v'。

图中的②所示的是碰撞前的动量为 m_1v_1 的物体 1 和动量为 m_2v_2 的物体 2 发生斜碰撞的例子。将速度 v_1 和速度 v_2 分别向 X 轴方向和 Y 轴方向进行分解，用 5-6 节建立的 v_1' 和 v_2' 的公式，求解 v_{1x}' 和 v_{1y}' 以及 v_{2x}' 和 v_{2y}'，然后再分别合成，求解得到 v_1' 和 v_2'。

图中的③所示的是两个物体的恢复系数 $e=0$ 的碰撞（融合）的例子。用简单的数值去实际地求解碰撞后的矢量关系。两个物体的动量都是 $2mv$，以夹角 60° 发生碰撞后结合成一体进行运动，求解此时的速度 V。

合成两个物体的动量的矢量后，就形成了一个四个边长都为 $2mv$、具有 60° 夹角的菱形。因为这个菱形的对角线就是合成的碰撞后的动量矢量，而动量矢量的作用线就是 60° 夹角的平分线。碰撞后的质量为 $2m+m=3m$，若设碰撞后的速度为 V，则碰撞后的动量是 $3mV$。已知菱形对角线的长度是 $2mv\cos30°$ 的 2 倍，所以能够从 $3mV=2\times2mv\cos30°$ 中，求解出碰撞后的速度 V 的大小。

物体的斜碰撞

① 不考虑摩擦的地板和物体的斜碰撞

（b）0 < e < 1

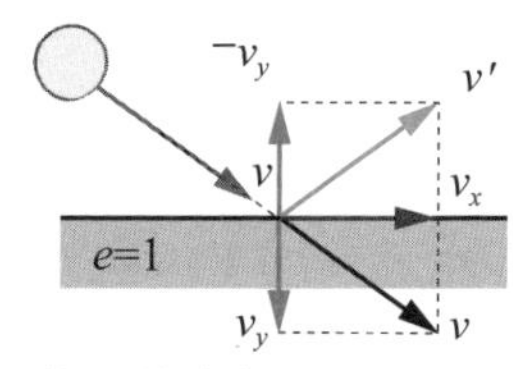

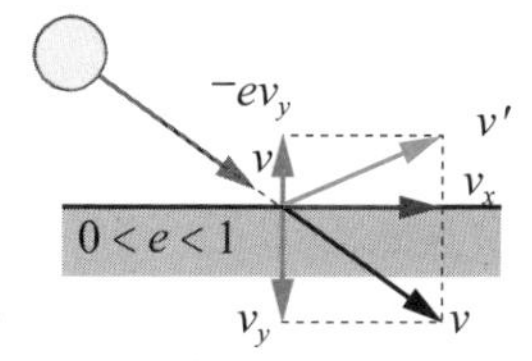

碰撞后的速度就是竖直向上的速度和水平速度的合成速度

② 两个物体的斜碰撞

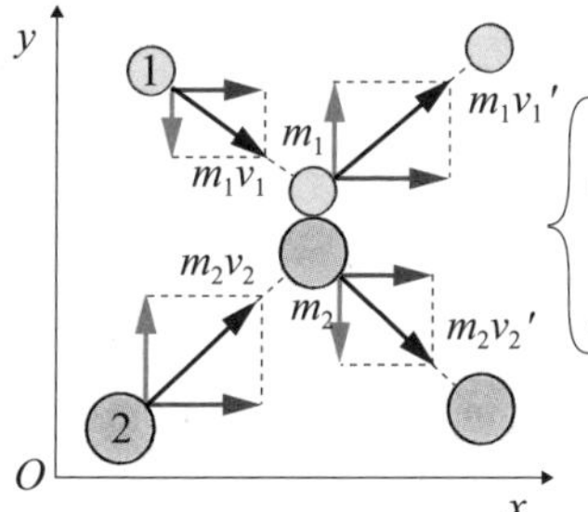

碰撞前的 X 轴方向的动量的总和
= 碰撞后的 X 轴方向的动量的总和
碰撞前的 Y 轴方向的动量的总和
= 碰撞后的 Y 轴方向的动量的总和

③ 融合的斜碰撞

（a）碰撞夹角 60°的融合

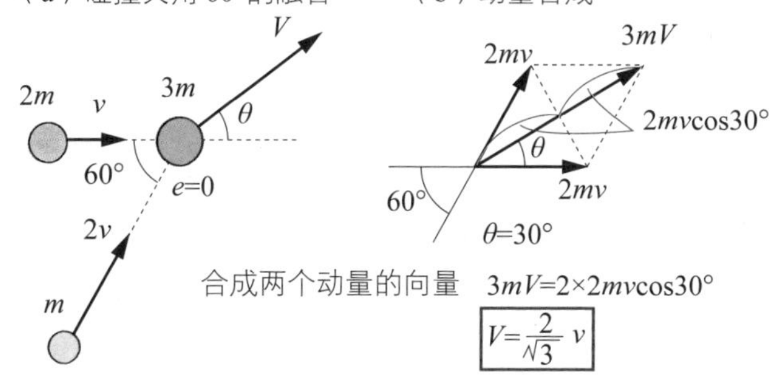

5-9 棒球的击球与飞机的推力——思考动量

到现在为止，我们一直在研究碰撞的运动，与主题相关的碰撞运动应该就是打棒球时的击球了。如图 1 所示，理想化的状态是球棒击球时球垂直反弹，试将它们作为弹性碰撞问题来求解击球之后的球棒速度和球的初速度。

设定的条件如下：恢复系数 e 为 0.4，球棒的质量 m_1 为 0.9kg，球棒的速度 v_1 为 100km/h，球的质量 m_2 为 0.14kg，球的速度 v_2 为 120km/h，并以被击之后球的运动方向为正（+）。将这些条件代入 5-6 节的式（3）和式（4）来进行求解，得到的结果是被击之后的球棒速度为 58.60km/h、球的初速度为 146.6km/h。

另外，在图 1 中速度 v_1 和 v_2 直接使用了单位 km/h 进行计算。这是因为 5-6 节的式（3）和式（4）的第 1 项和第 2 项都与单位没有关系，所以就省略了其单位 m/s 的变换。

虽然不是碰撞，但图 2 所示的飞机为了能够飞行，必须有能够使机体前进的推力。这个推力可以用空气或喷射气体形成的流体的作用与反作用和动量的两方面来说明。

在螺旋桨式飞机中，螺旋桨给空气施加使其向机体后方运动的作用力，作为其反作用，空气给机体向前方行进的推力。同样地，在喷气式飞机中，喷气发动机给喷射气体施加使其向机体后方运动的作用力，作为其反作用，喷射气体给机体向前方行进的推力。在这些运动过程中，可以从力学的角度来求解被推向机体后方的空气或喷射气体的动量和机体前进的动量之间的关系。

图 1　击球的初速度

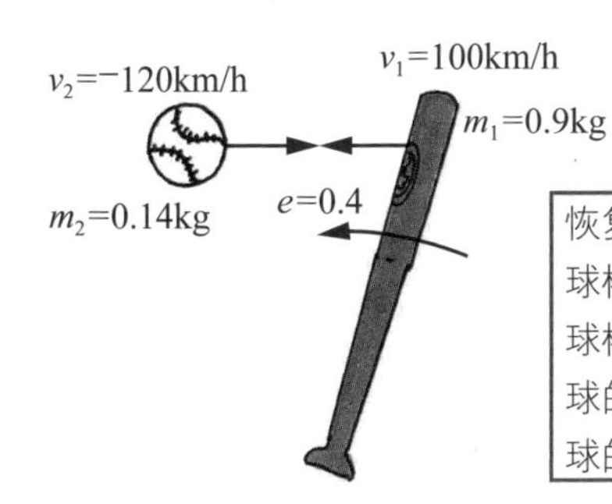

以被击出后的球的运动方向为正（+）

恢复系数 e : 0.4
球棒的质量 m_1 : 0.9kg
球棒的速度 v_1 : 100km/h
球的质量 m_2 : 0.14kg
球的速度 v_2 : −120km/h

$$v_1' = \frac{90-16.8}{1.04} - 0.4\times 220\times\frac{0.14}{1.04} \approx 70.4-11.8 = \boxed{58.6\ (\text{km/h})}$$

$$v_2' = \frac{90-16.8}{1.04} + 0.4\times 220\times\frac{0.9}{1.04} \approx 70.4+76.2 = \boxed{146.6\ (\text{km/h})}$$

图 2　飞机的推力

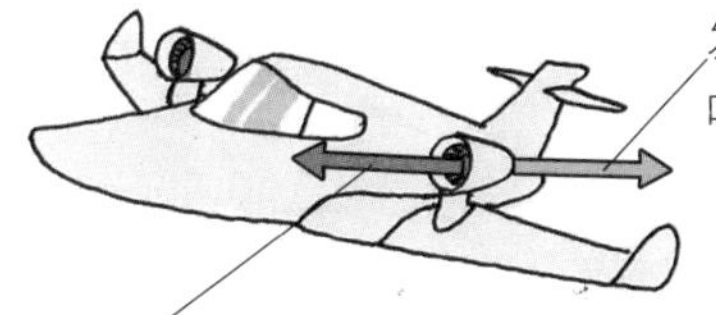

5-10 研究水或空气的运动——流体力学

在力学里，通常把固体作为刚体来处理。那么，对于液体或气体是不是因为不具有固定的形状，在力学中就无法解决这类问题呢？解决这类问题的不是牛顿力学，力学已经扩展到了能够对这样的流体（液体或气体）进行分析。研究流体运动的称为流体力学。本章我们来研究学习流体运动。

如图 1 中的①所示，若是装入容器的质量为 m 的水被置放于高度 h 处的位置，那么相对于地板而言，它具有式（1）$U=mgh$ 所表示的势能。如果这个容器坠落，在与地板碰撞之前，具有由速度 v' 产生的动量 $mv'=m\sqrt{2gh}$。或者，以速度 v 运动，它就具有式（2）所表示的动能 $T=mv^2/2$ 和动量 mv。

那么，如图 1 中的②所示，在没有容器只有水的情况下会如何呢？从现实角度来说，水不可能形成一个整体进行运动。因此，这个运动过程可以联想到将一桶水一下子泼出的场景。于是，就可以与①同样地使用式（1）和式（2）。①所示的是固体运动；②所示的是流体运动。

为了分析流体运动，使用流体的流量来代替固体运动中必须有的质量。如图 2 中的①所示，流量表示的是单位时间内流过的流体量。流量的表示方法有体积流量 (m^3/s)、质量流量 (kg/s) 及重量流量 (N/s)。

如图 2 中的①所示，稳定流动流体的流量在截面 1~ 截面 3 都相等，这就是流体流动的质量守恒定律。质量守恒定律如同图 2 中的②所示，在形状变化的管道中的任何位置都成立。此表达式为流体的连续性方程。

图 1　水的运动

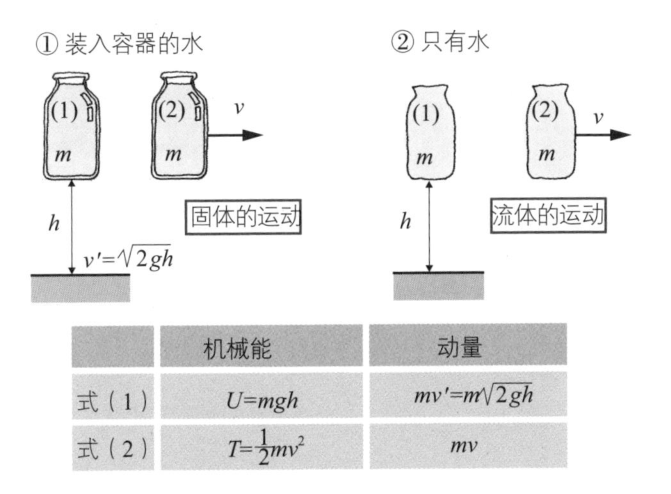

	机械能	动量
式（1）	$U=mgh$	$mv'=m\sqrt{2gh}$
式（2）	$T=\frac{1}{2}mv^2$	mv

图 2　流量和连续性方程

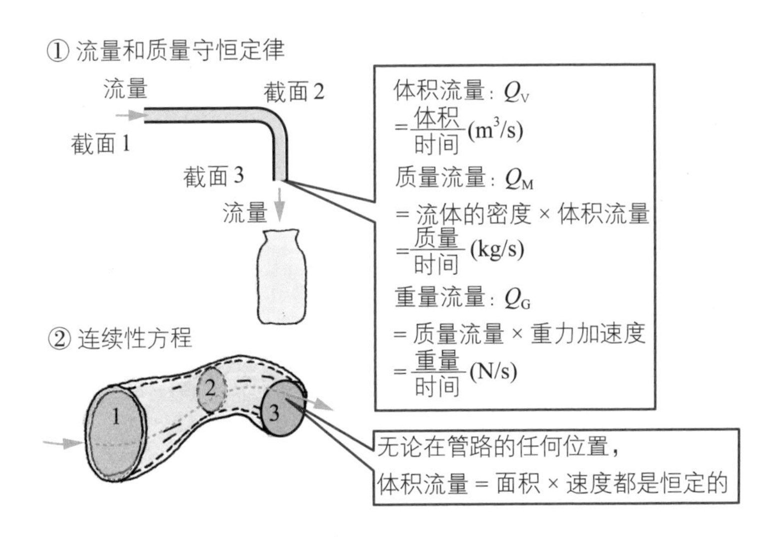

5-11 水管内的水和喷气发动机——流体的动量

作为流体动量的实例，我们来分析从水管喷出的水的运动吧！拿着适当长度的淋浴水管，如果增大水流量，莲蓬头就会晃动，这种经验你应该也有过吧。这是因为喷出的水产生作用力，其反作用力推动莲蓬头，使莲蓬头发生运动（见图 1 中的①）。

如果知道水的**密度** ρ、**体积流量** Q_V 及出口的**流体速度** v，就能够求解水喷出时的作用力 F（见图 1 中的②）。此时，密度 ρ 是单位体积的质量，则单位是 kg/m^3。

因为动量的变化与冲量相等，设喷出的水的质量为 m，则可由 $mv=Ft$ 变换为 $F=mv/t$，从而求出力。在这里，很容易想象到 m/t（单位时间内流过的水的质量）就是体积流量乘以密度。当然，这只是使用时的措辞不同，但上面所说的是同样的事情。这时，将其代入 $F=mv/t$，就能够得到水管喷出水时的作用力，通过"密度 × 体积流量 × 速度"进行求解。

图 2 中所示的喷气发动机是利用发动机向后方喷射出高速的喷射气体，在其反作用下喷射气体向前方推进机体。其作用力的求解方法与图 1 是相同的。

压缩机的工作机理是从前方吸入空气，压缩空气体积，然后，向压缩空气中添加燃料，使其在燃烧室燃烧，将高速的燃烧气体向后方输送，设有输送通道的涡轮在燃烧气体的作用下旋转，与涡轮相连的压缩机同时开始旋转并吸收空气。燃烧气体在从喷嘴向大气中喷射时，给发动机施加的反作用力使机体向前运动。

图 1　水管喷出的水的力

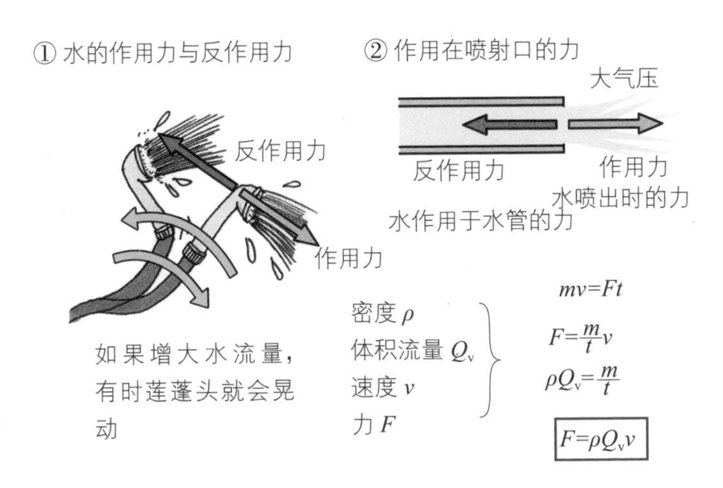

$$mv=Ft$$

$$F=\frac{m}{t}v$$

$$\rho Q_v=\frac{m}{t}$$

$$\boxed{F=\rho Q_v v}$$

图 2　喷气发动机的动态

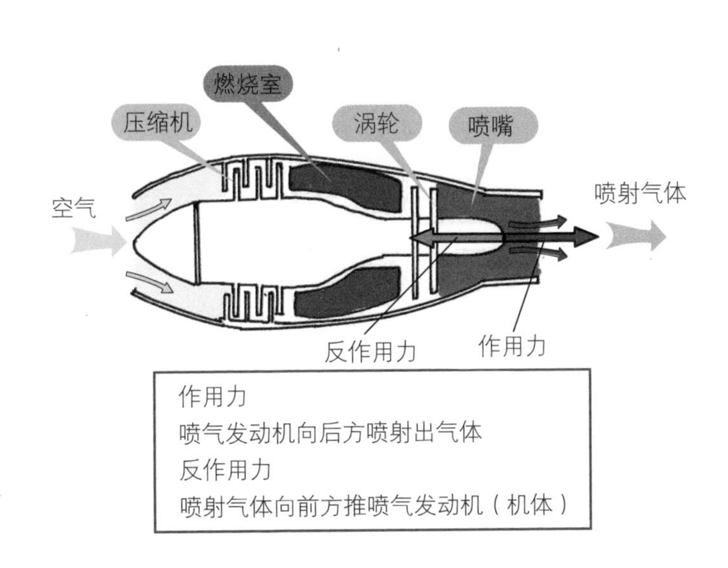

作用力
喷气发动机向后方喷射出气体
反作用力
喷射气体向前方推喷气发动机（机体）

5-12 自来水管道的冲击声与冲击式水轮机——流体的冲击力

在关闭单柄式的水龙头或切换洗衣机的运转而使水停止运动时，有没有听到“嘎吱”的冲击声。这是**水冲击作用**或**水锤效应**的现象。

如图 1 中的①所示，动量为 mv 的固体与墙壁发生碰撞，因为速度在瞬间降为零，所以产生相当大的冲击力。水也是一样，喷射口流出的动量为 $\rho Q_V v$ 的水流在停止的瞬间，会产生相当大的冲击力。这就是水冲击现象发生的原因。图 1 中②所示的单柄式水龙头，与螺旋式水龙头相比能在更短的时间内切断水流，所以更容易发生水冲击现象。

在大流量的设备中发生的水冲击现象会引发急剧的压力上升，有时还会造成管路损伤。在这样的设备中都采取了避免发生水冲击现象的措施。

图 2 中的①所示的是水力发电过程中使用的、利用水的冲击力的**冲击式水轮机**。以发明者的名字冠名为**佩尔顿水轮机**。

水流是由喷嘴沿着水轮机的切线方向喷射出来。水轮机周围安装在转轮上的水斗是承接水流的容器，喷射出来的水流冲击着水斗，其结果就是水轮机以输出轴为中心旋转，将水的能量转换为旋转运动。

图 2 中的②所示的水斗就像将两个勺子连在一起，由喷嘴喷射出来的水流作用于勺子形状的水斗而被反转 180° 。于是，水斗承受来自于水的冲击作用，使水轮机旋转。正是由于这一运动过程，水轮机也称为冲击式水轮机。

图 1　水的冲击作用

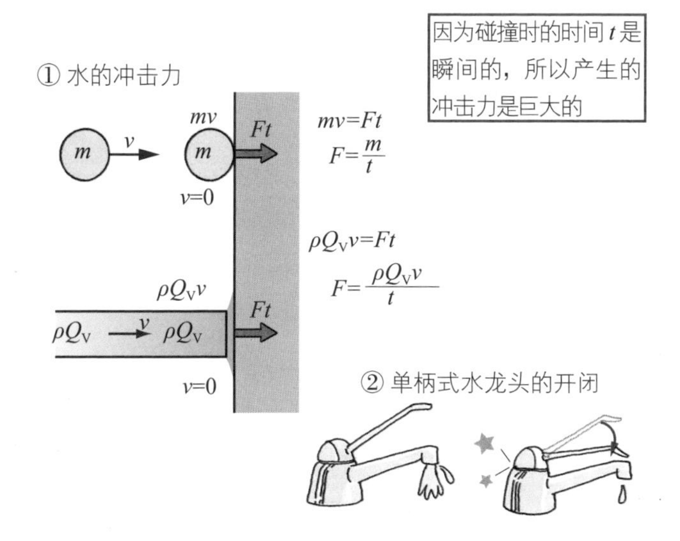

图 2　利用冲击作用的水轮机

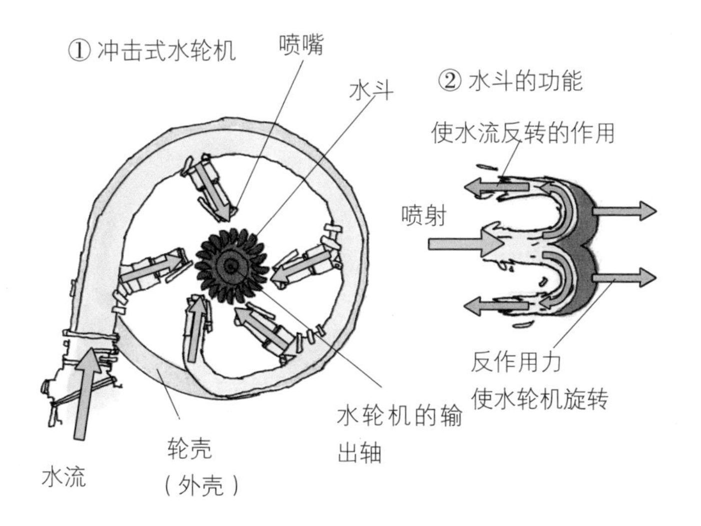

5-13 利用力使流动发生变化——升力

作用于飞机机翼上的升力或 F1 赛车的尾翼产生的下压力等，都是流体在其动量变化时由其反作用力产生的特有的力。利用我们身边的物体可以体验得到这个力。

在电风扇或空调的吹风口前面，放置一张对风敏感的厚纸。平行于风的流动方向放置的厚纸，不影响风的流动，也感受不到风的影响（见图 1 中的①）。但是，当使厚纸与空气的流动方向有了倾斜角度时，气流的方向就会发生变化（见图 1 中的②）。因为厚纸阻碍了气流的方向，也就是说改变气流的速度，所以风在通过厚纸前面时具有动量 mv，在通过厚纸后变化为 mv'。风在通过厚纸时，受到厚纸施加的改变动量的冲量 Ft 的作用。于是，作为其反作用，风给厚纸施加 $-Ft$ 的冲量，有向上推动厚纸的作用。这就是放置在风流动通路前面的厚纸所受到的力。

图 2 所示的是物体使流体的动量发生变化时，利用流体给物体施加反作用力的例子。

如图 2 中的①所示，大气通过飞机的机翼时，气流受到机翼给气流施加的 Ft 的作用而被弯曲流动。于是，气流给机翼施加了 $-Ft$ 的反作用，这就提供了使机体向上的升力。

在图 2 中②所示的 F1 赛车的车体前后安装的翼板，则与飞机的机翼相反，它的作用是使气体的流动向上翘起，于是翼板有将车体压向路面的下压力，使赛车平稳行驶。但是，这个力又成为阻碍力。因此，车体后部尾翼的角度变为可调的，在直线行驶时减少下压力。

图 1　流动的作用力与反作用力

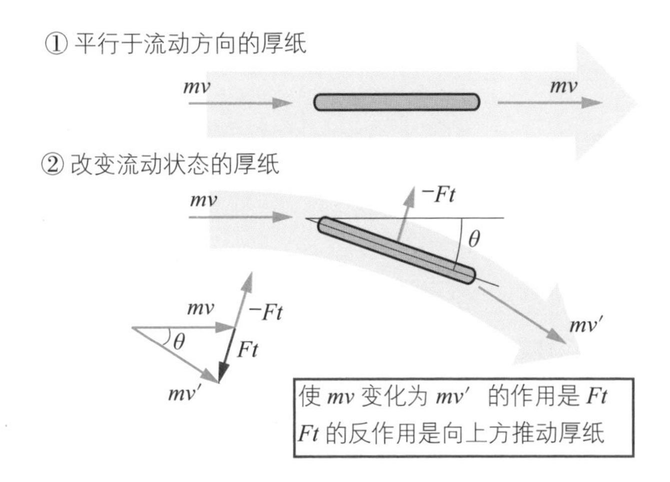

图 2　利用流动的反作用

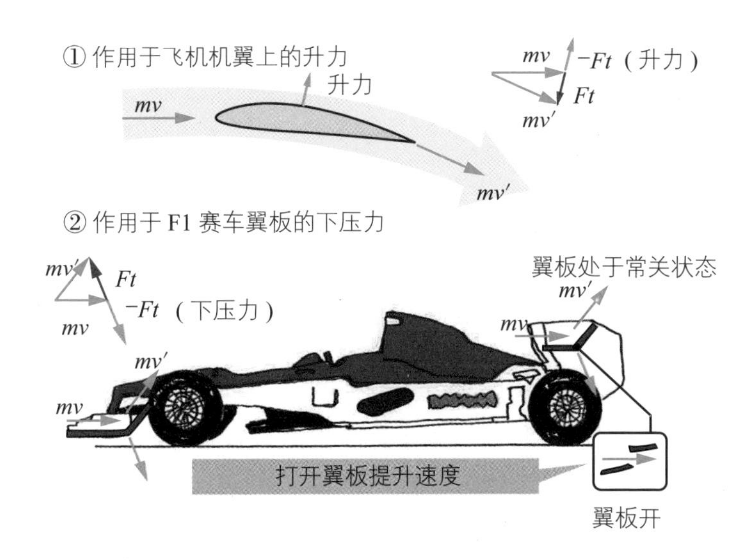

参考文献

[1] 池田和義　著. 数式を使わない力学. 講談社, 1980.

[2] 伊庭敏昭　著. 絵ときSI単位早わかり. オーム社, 1998.

[3] 大宮信光　著. 世界を変えた科学の大理論100. 日本文芸社, 1998.

[4] 長沢光晴　著. 面白いほどよくわかる物理. 日本文芸社, 2003.

[5] 為近和彦　著. カラー版忘れてしまった　高校の物理を復習する本. 中経出版, 2011.

[6] 大栗博司　著. 強い力と弱い力　ヒッグス粒子が宇宙にかけた魔法を解く. 幻冬舎, 2013.

[7] 桑子　研　著. 大人のための高校物理復習帳. 講談社, 2013.